●――コンクリートの文明誌

岩波書店

目次

第1章　すべての道はローマより発す——古代都市国家とコンクリート　1
1　火山灰が原料？　6
2　ローマ帝国を衰退させた公共事業　19
3　廃れゆく遺物　42
第2章　二千年の闇をぬけて——近代文明とコンクリート　49
1　スミートンの着眼点　54
2　近代化をささえた鉄筋コンクリート　63
3　「アメリカの世紀」をささえた巨大公共事業　79
4　横浜築港とコンクリート亀裂事件　93
第3章　激動の時代のなかで——総力戦とコンクリート　121
1　帝国自動車国道　127
2　硫黄島の「防波堤」　145

第4章　戦後の復興とともに―――159
――高度成長とコンクリート
1　戦後集合住宅私的変遷史　163
2　夢の超特急の影で　177
第5章　シヴィル・エンジニアへ―――193
――現代日本とコンクリート
1　コンクリートから見た日本と西欧　195
2　土建屋とシヴィル・エンジニア　209
3　コンクリートの美学　231
あとがき―――243
参考文献―――5
索　引―――1

本文イラスト＝村井宗二

●本書を読む前に

「セメント」と「モルタル」、「モルタル」と「コンクリート」は、混同しやすい。本書を読む前にその違いを頭の中に入れておくと、読みやすくなる。難しいことはないので、ここで説明しておこう。本文を読んでいる途中で混乱したときは、またここにもどってきてほしい。

セメント：石灰岩と粘土を高温で焼成して得られる微粉末。水と化学反応して固まる。モルタルやコンクリートの素材として用いられる。

モルタル：セメントに砂と水を加えて固めたもの。壁塗り材、目地材として用いられる。

コンクリート：セメント、砂、水、砕石(または砂利)を同時に加えて練り混ぜ、固めたもの。ダム建設や道路舗装などで利用される。建築物や橋梁などでは鉄筋で補強して用いられる。

第1章　すべての道はローマより発す

――古代都市国家とコンクリート

約二〇〇〇年間にわたって建設した大量の建造物の維持補修が国家財政上の重い負担になって国力の低下を招き、滅亡に追い込まれた国がある。古代ローマ帝国である。ローマ帝国はいまに伝わるその建造物の多くをコンクリートでつくった。

ライン河以西とドナウ河以南の広範な版図に築かれた堅固なローマ道、消費都市ローマを経済的にささえたオスティア港や倉庫、ローマ艦隊のための巨大な給水槽、過密都市ローマの共同住宅、ローマ市や属州におけるバシリカなどの行政の中心となった記念碑的建築物、大浴場や闘技場などの市民憩いの場、一一カ所の水源から人口数十万の都市ローマに水を供給した水道、これらは、そのいずれをとってもコンクリートなしでは存在しえなかった。

そんなバカな、石造りのまちがいではないか、二〇〇〇年も前にコンクリートがあるものかと疑問をもつ人は多いであろう。無理もない。西暦四七六年における西ローマ帝国の滅亡とともに、コンクリートは歴史の表舞台から姿を消したのである。コンクリートが再びわれわれの前に姿を現すのは、じつにその一四〇〇年後のことであった。

ここで話は一気に、しかも現代の日本に飛ぶ。レーニンはその著書『帝国主義論』で、「資本主義は植民地及び海外諸国で、最も急速に成長している。これらの国々のなかから、新しい帝国主義強国〔日本〕があらわれている」と指摘した。日本は世界で六番目に産業革命というバスに間に合ったアジア唯一の国である。それは、明治政府が急速に近代化を進めるために、あらゆる分野で西欧文明を吸収することによって達成された。コンクリートによる社会基盤の整備も同様であった。

しかし、「急いては事を仕損ずる」という諺がある。学んだのは技術だけで精神を学ばなかったツケが、やがてまわってくる。第二次大戦後、日本は、欧米諸国が一〇〇年かけて築き上げた社会基盤を高度成長期のわずか二〇年のうちに整備した。東京を中心とする大都市はたちまちコンクリートで覆いつくされ、コンクリートはわれわれにとってごくありふれた空気のような存在となった。そんなコンクリートが一躍、社会の注目を浴びるようになったのは、一九八四年に放映されたあるテレビ番組がきっかけであった。NHKの特集番組「コンクリートクライシス」である。高度成長期に建設されたコンクリート構造物に劣化が起こっていることを警告したこの番組は、建設業界のみならず、市民のあいだに大きな反響を巻き起こした。いまや、この時期に建設された膨大なコンクリート建造物の維持保全が、日本の国家財政を破綻の危機に追い込みつつある。品質を無視して、ひたすら形だけのコンクリート構造物をつくりつづけてきたツケがまわってきたのである。

歴史はくりかえす。現代日本がいままさに直面している問題によって滅亡したのが、二〇〇〇年前のローマ帝国であった。

—ディオクレティアヌスの浴場

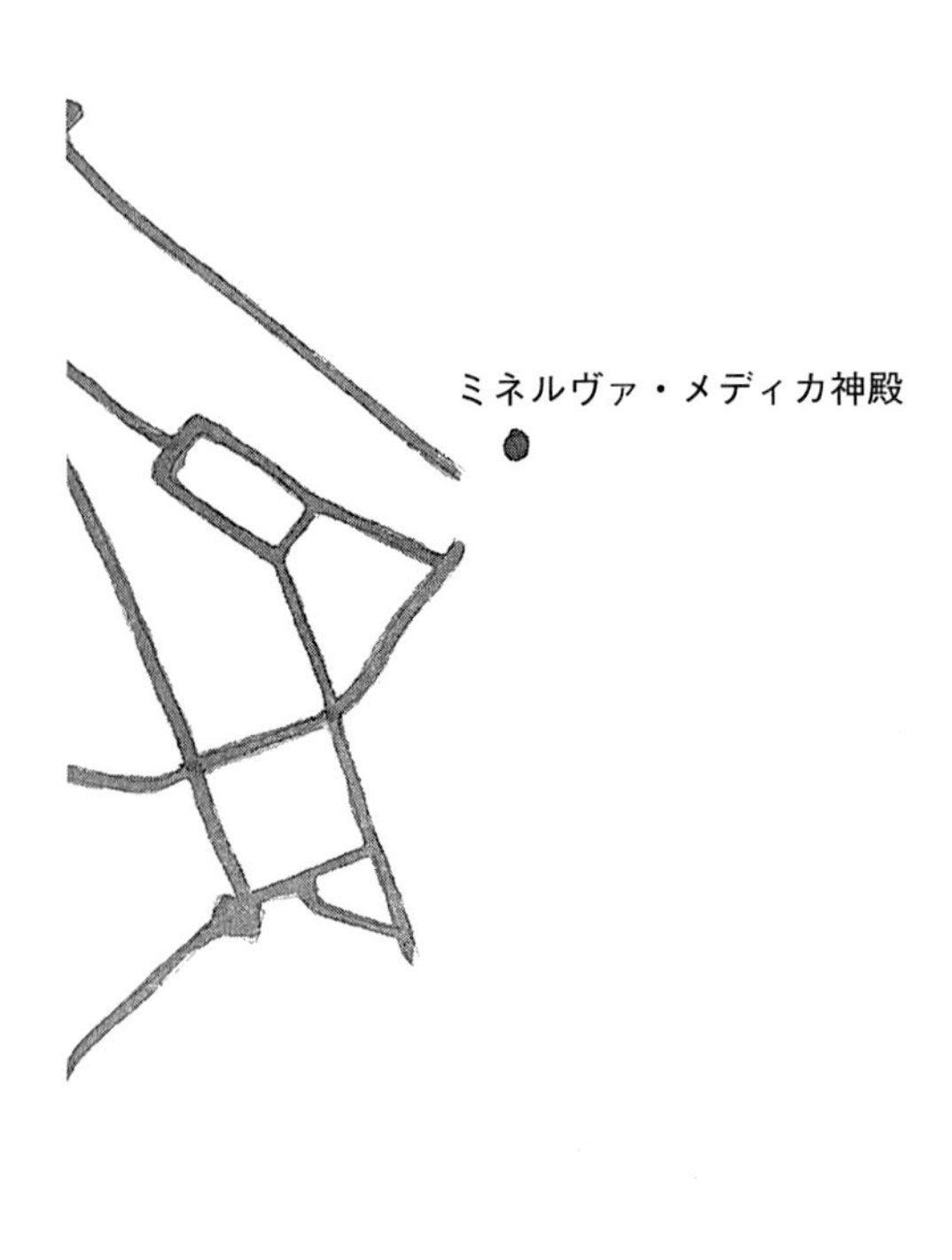

現代のローマ市内における代表的なコンクリート構造物.

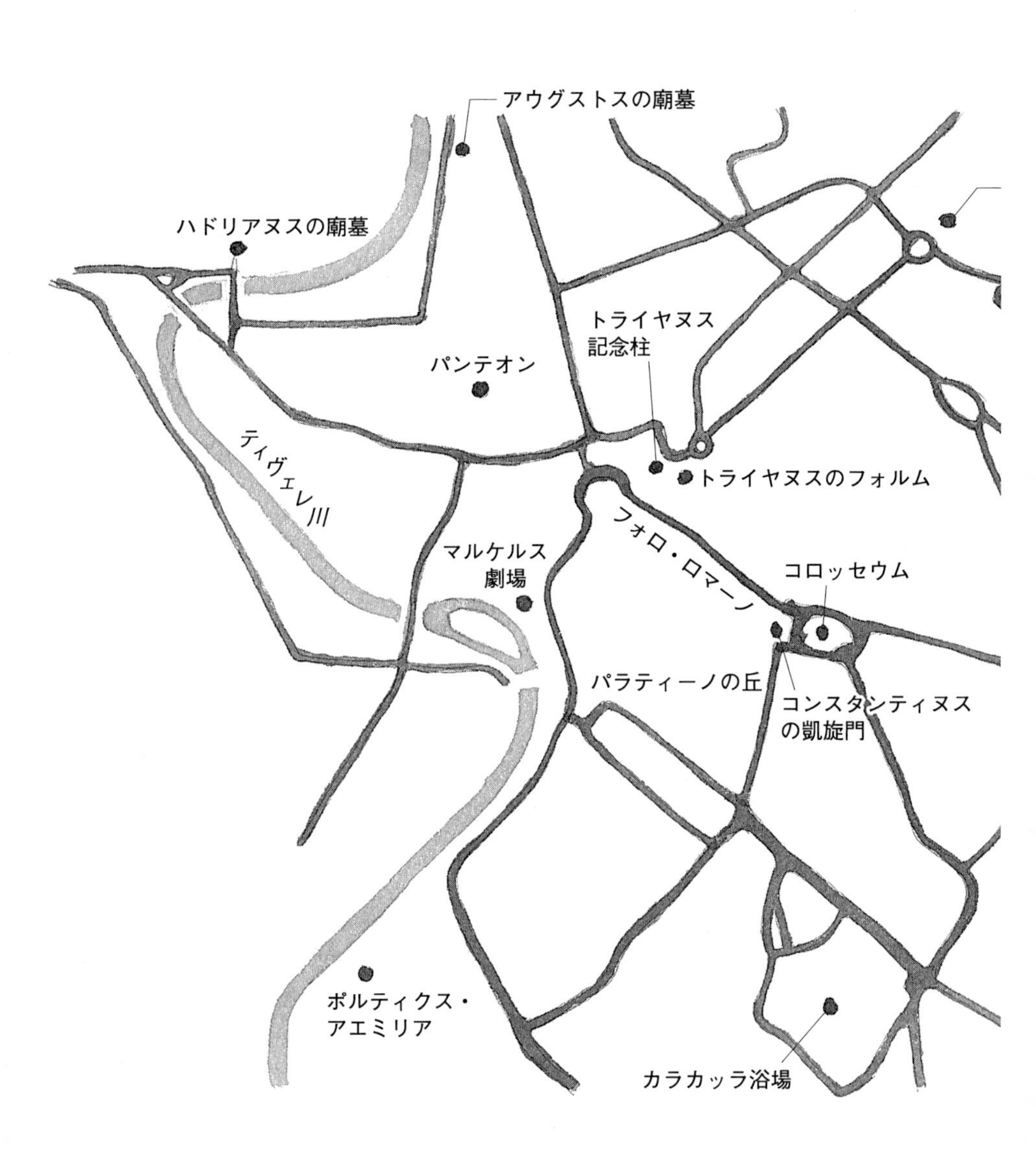
アウグストスの廟墓
ハドリアヌスの廟墓
トライヤヌス
記念柱
パンテオン
ティヴェレ川
トライヤヌスのフォルム
フォロ・ロマーノ
マルケルス
劇場
コロッセウム
パラティーノの丘
コンスタンティヌス
の凱旋門
ポルティクス・
アエミリア
カラカッラ浴場

1　火山灰が原料？

水で固まる新材料

「自然のままで驚くべき効果を生じる一種の粉末がある。ポッツォラーナである。これは、バーイエ〔ナポリの西方にある海岸の保養地〕一帯およびヴェスビオ山の周辺にある町々の野に産する。これと石灰および割石との混合物は、建築工事に強さをもたらすだけでなく、突堤を海中に築く場合にも水中で固まる。」

いまから、約二〇〇〇年前に、こういう記述を残した人物がいる。紀元前二〇年頃、ローマ初期の土木・建築全般にわたる知識を細大漏らさず集めた一〇巻の著書『建築論』をとりまとめ、アウグストス帝に献上したローマの技術者、ウィトルウィウスである。この本は、一八一四年にフランスの化学者であるビカーの著書『建築石灰・ベトン・モルタル』が世に出るまでの一八〇〇年間、もっとも権威のある技術書として各国語に翻訳累版された。

一方、博物学者大プリニウスの著書である『博物誌』にはこういう一文が残されている。

「ポッツォリの丘にある、これまでは塵と呼ばれていたもっとも劣った土壌が、海の波に抵抗し、水中ではともに石塊となって波浪に耐え、時とともに益々強固になる。」

ウィトルウィウスの「ポッツォラーナ」や大プリニウスの「ポッツォリの丘の塵」とは、ヴェスビオ火山の噴火によって生じた火山灰のことである。

古来、地中海地域では、石積みや煉瓦積みの際の目地材としてモルタルが使用されてきた。モルタルは石灰岩を焼いて粉状にした石灰に、海砂や川砂、水を混ぜてつくる。水分がぬけて乾燥すると堅く固まることを利用し

ローマ人が発明した水で固まるモルタルの原料(再現)．石灰1に対して火山灰2，水0.5の割合で混合する．

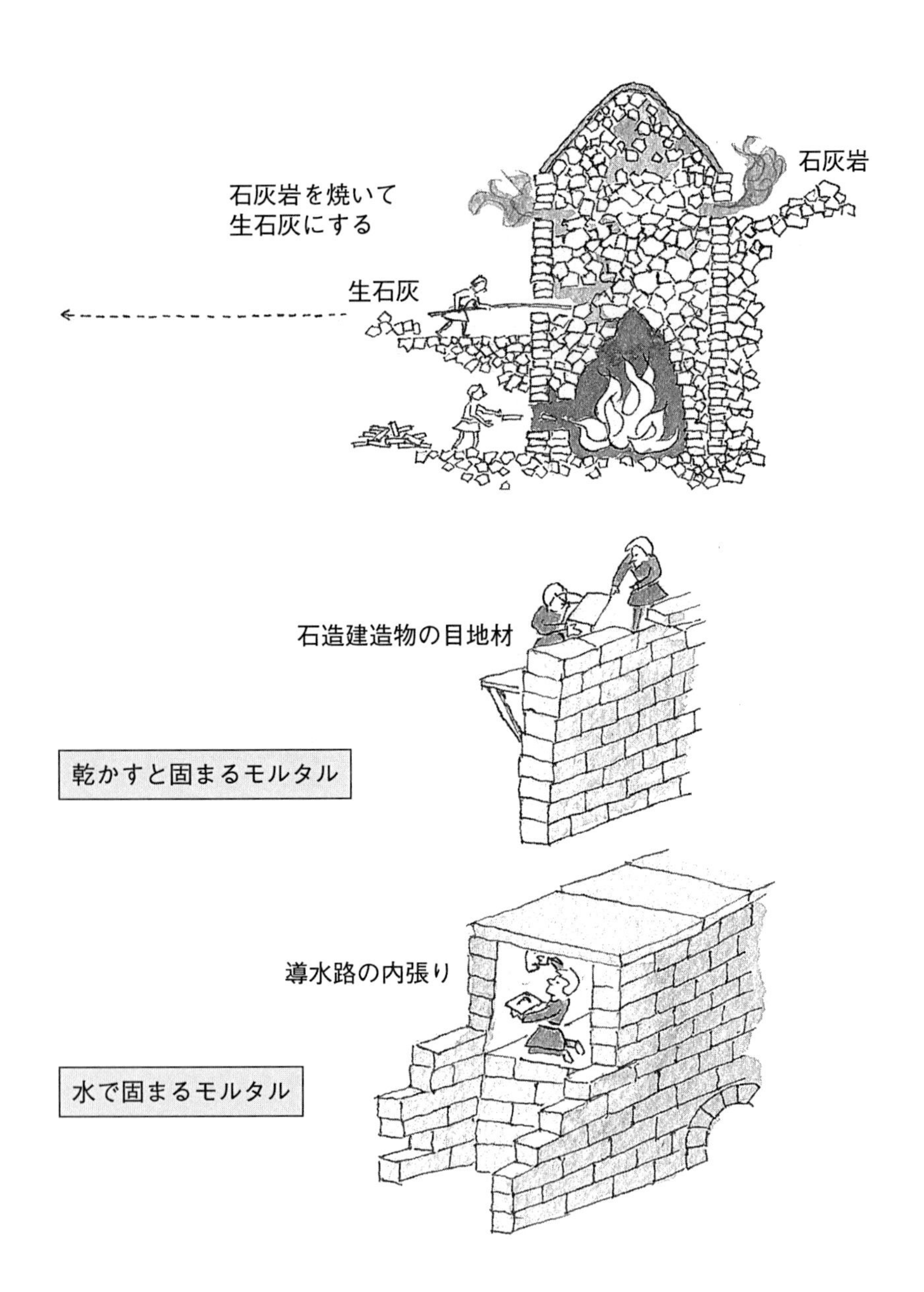
石灰岩を焼いて
生石灰にする
石灰岩
生石灰
石造建造物の目地材
乾かすと固まるモルタル
導水路の内張り
水で固まるモルタル

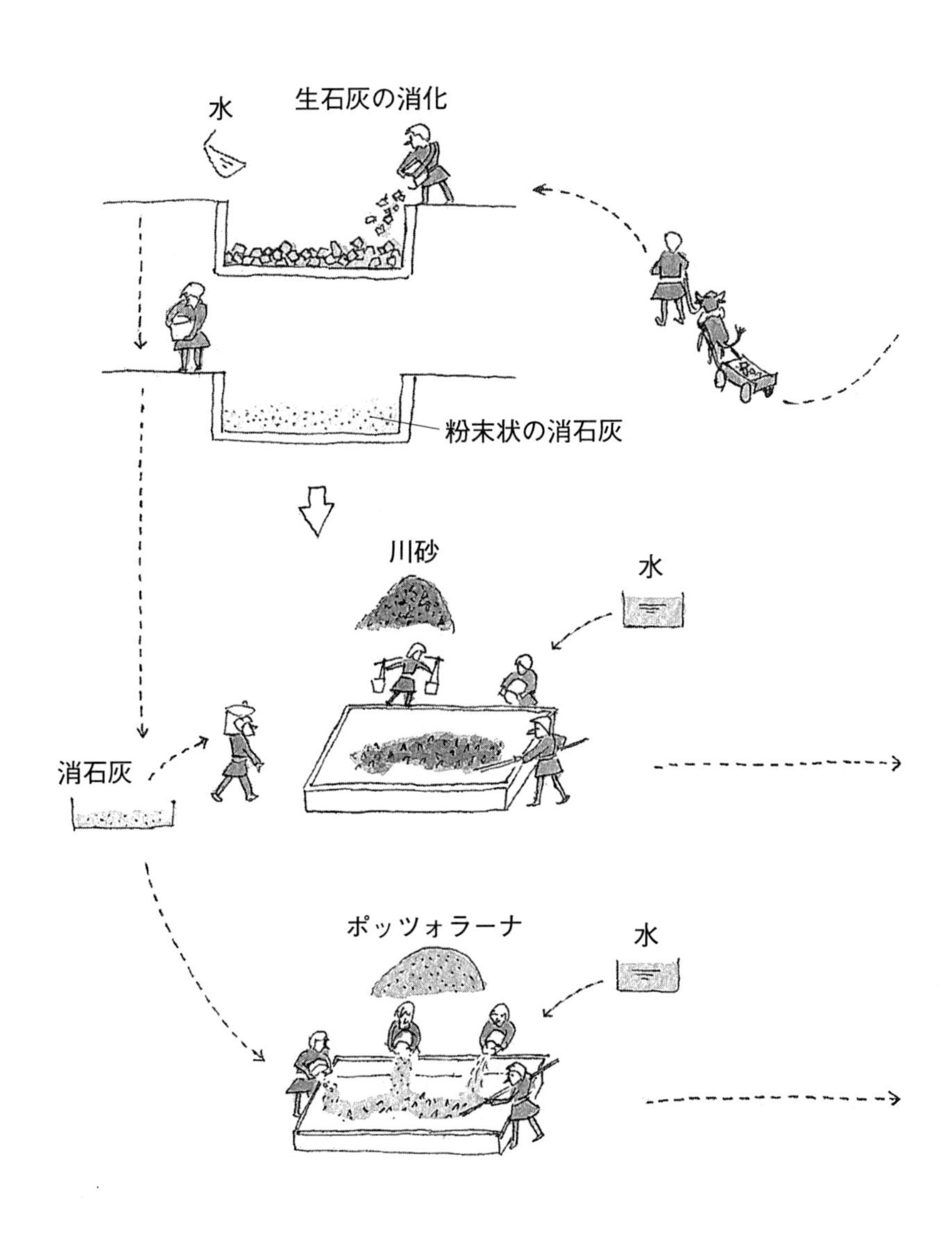
生石灰の消化
水
粉末状の消石灰
川砂
水
消石灰
ポッツォラーナ
水

て、積み上げる石や煉瓦を固着させるのに用いられた。
ところが、ローマの工匠たちが重用したモルタルは、これとは一風変わったものであった。従来のモルタルは、川砂と石灰に水を混ぜた後は十分時間をおいて乾かさなくては固まらなかった。それが、水を混ぜるとすぐ固まったのである。その秘密は水と混ぜるものに隠されている。彼らは、川砂と石灰ではなく、火山灰と石灰を混ぜたのである。その火山灰が「ポッツォラーナ」「ポッツォリの丘の塵」であった。

ローマ人たちがいつどのようにしてこの水で固まるモルタルを使い始めたのか、その経緯は必ずしも明らかではない。しかし、彼らは火山の軽石を砕いてまで使ったと伝えられている。このモルタルの利点を十分に理解していたことは間違いない。

ローマ人は、ベスヴィオ火山の火山灰だけをモルタルの原料に使用していたわけではない。イタリア西部におけるポルセーナ湖からその南方にかけての広大な地域(現在のラティオとカンパーニア)の表土はロームからなっている。ロームは、比較的新しい第四紀(約二〇〇万年前以降)の火山活動による火山灰が風化してできた粘土と砂との混合物である。このロームの下には凝灰岩の大岩床がある。古代ローマでは、紀元前二世紀頃から木造建築が石造建築に席を譲り、加工の容易な凝灰岩が愛用されていた。凝灰岩を採掘すると砕砂が生じる。この砕砂が、海砂や川砂に比べてはるかに強いモルタルをつくりだすことを発見したのは、共和制時代のラティウムとカンパーニアの工匠たちであった。彼らはこの砂を「石切り場の砂」と呼んで、海砂や川砂と区別して使用していた。「石切り場の砂」を用いたモルタルは強度と耐久性に優れていただけなく、早く固まるのが特長であった。

古代ローマ人は、ポッツォラーナや「石切り場の砂」の特性を十二分に活用した。いつしか、これをもとにして作ったモルタルに砕石や砂利を混入して一体化させ、建物の構造材として使うようになった。それがコンクリートである。そして、そのコンクリートが石や煉瓦に代わる、新たな建造物の時代を切り拓くことになった。

ローマ人は、紀元前一九三年に建設されたポルティクス・アエミリア(アエミリウスの柱廊)という穀物倉庫の建設にコンクリートを用いている。この建物はローマのティヴェレ川左岸に面しており、長さ四八七メートル、幅六〇メートルの大建築で、一部が現存する。ローマに保存されている最古のコンクリートヴォールト天井の建物である。

コンクリートは、その優れた強度と耐久性、速い硬化速度、どんな形状のものでもその場でつくりうる成形性、海水などの水環境に対する適性を有していた。そして、何よりもまず見逃すことができない特性は、巨大な建造物を未熟練の労働者によって短期間に建設できる生産性にあった。

ローマ人は、コンクリート工法のヒントをギリシャ人から得た。紀元前二七五年、ローマ人はギリシャ人を南イタリアから追い出したが、その際に戦利品としてエンプレクトン工法という建設技法を獲得した。エンプレクトン工法とは、二枚の石塀の間を大小さまざまな粗石とモルタルで詰め固め、分厚い一枚の壁をつくる技法である。ギリシャ人は、この技法によって強固な城塞を築いた。その城塞にさんざん手を焼かされたローマ人は、水で固まるモルタルを使ってギリシャ人の技法に改良を加え、独自のオプス・カイメンティキウム工法へと発展させた。この工法によってつくられた壁は、ギリシャ人のつくった壁よりもさらに強固で緻密であった。そして、このオプス・カイメンティキウム工法の開発が、ローマ帝国発展の起爆剤となるのである。

オプス・カイメンティキウム工法によるコンクリートは、コンコルディア神殿の基礎(前七~後一〇年)や、サトゥルヌス神殿の円柱基礎などのフォロ・ロマーノの遺跡に散見される。また、ハドリアヌスの別荘(後一三四年)では、壁体のコンクリートにこの工法が適用されている。

しかし、オプス・カイメンティキウム工法はおもに壁をつくるための工法であった。品質の保証されたコンク

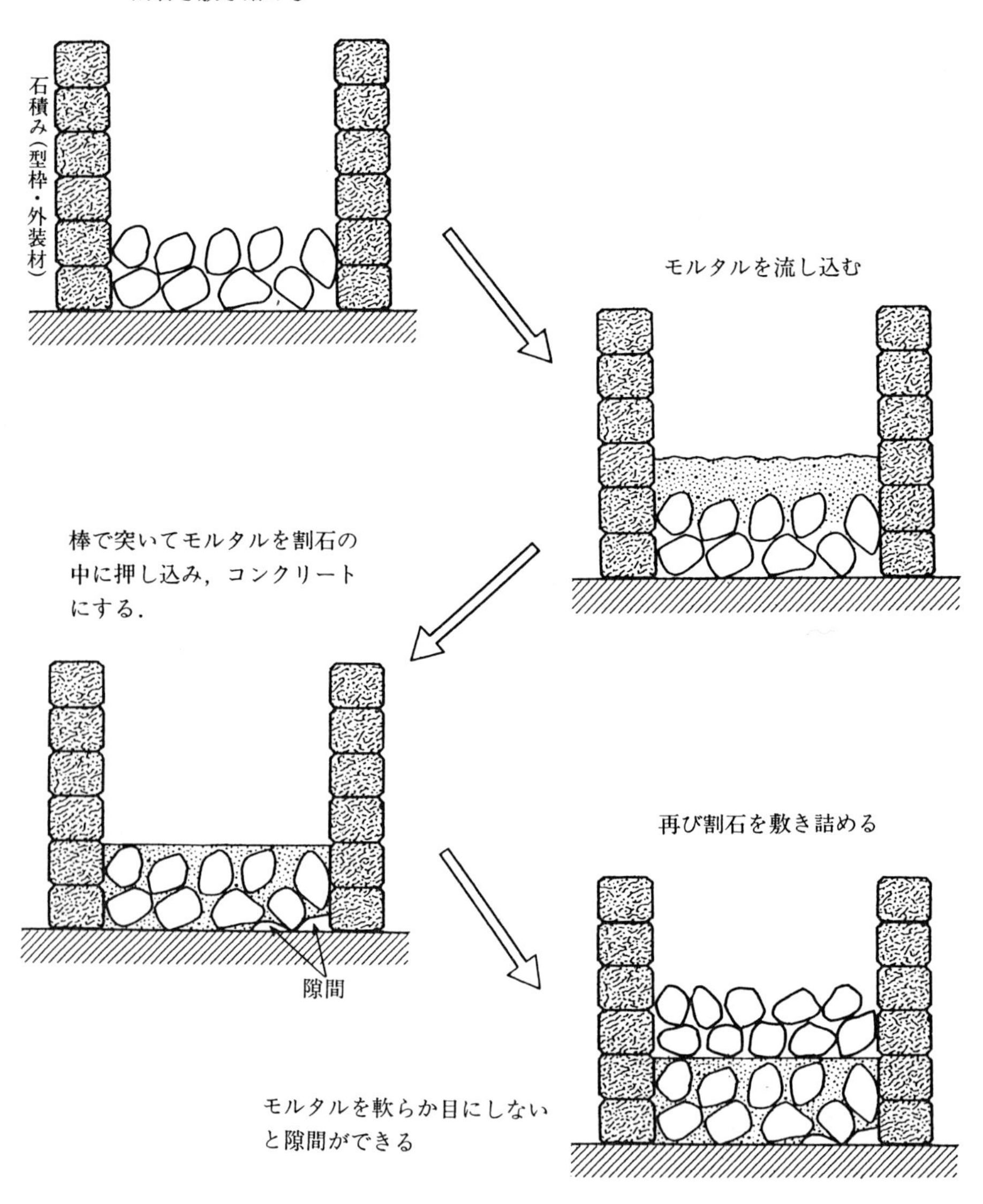
エンプレクトン工法
(ギリシャ人の工法)
割石を敷き詰める
石積み(型枠・外装材)
モルタルを流し込む
棒で突いてモルタルを割石の
中に押し込み，コンクリート
にする.
隙間
再び割石を敷き詰める
モルタルを軟らか目にしない
と隙間ができる

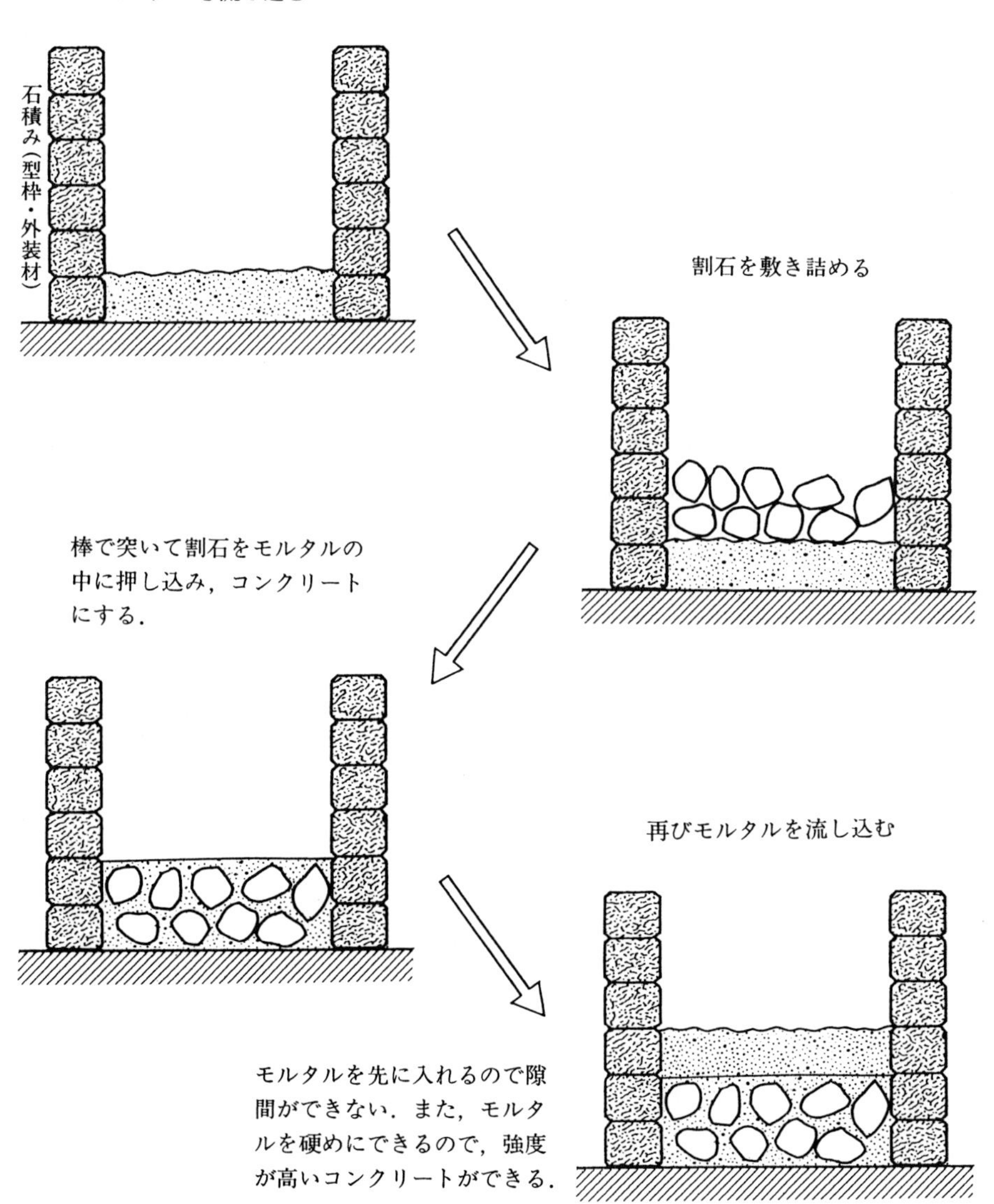
オプス・カイメンティキウム工法
(ローマ人の改良工法)
モルタルを流し込む
石積み(型枠・外装材)
割石を敷き詰める
棒で突いて割石をモルタルの
中に押し込み，コンクリート
にする.
再びモルタルを流し込む
モルタルを先に入れるので隙
間ができない．また，モルタ
ルを硬めにできるので，強度
が高いコンクリートができる.

サトゥルヌス神殿の基礎部分．オプス・カイメンティキウム工法でつくられた．大きな砕石，煉瓦塊が用いられている．

リートをつくるためには優れた工法であったが、施工環境の悪い水中の基礎工事などには適しなかった。そこで、あらかじめ砕石などをモルタルと一緒に練って船(底の浅い平らな容器)で混合しておき、これを型枠内に流し込んで締め固めるという新たな工法が開発された。これは、現代のコンクリート工法の原点である。フランスの後期ルネッサンス時代の土木技術者ベリドールは、この工法によるコンクリートをベトンと名づけている。

ベトン工法は、河川における橋脚の基礎工事や岸壁などの接水環境の構造物以外に、アーチ、ヴォールト、ドームなどの曲面部材のコンクリートに用いられた。この工法の最初の適用例が、前記のポルティクス・アエミリアのコンクリートヴォールト天井であり、全面的に採用されたのが、カラカッラ浴場(前二一二～二一七年)、巨大闘技場コロッセウム(後七二～八二年)、オスティア・アンティカの建造物(後二世紀頃)などである。ハドリアヌスの別荘でもアーチ部分に適用された形跡がある。

コンクリートが可能にした巨大ドーム　紀元前四世紀までのギリシャ建築は、その対象を神殿建築のみに限定していた。石材を材料とし、柱・梁という簡素な構造形式に柱の細部と均衡がつくりだす建築美を追究した。その結果、円柱、柱頭、台座と水平材の示す造形の特徴からドリス式、イオニア式、コリント式の三つの建築様式を生み出した。

ギリシャの最盛期である紀元前四世紀から三世紀にかけては、アカンサスの葉飾りをモチーフにしたコリント式柱頭の神殿建築が登場した。そのなかでもエピダウロスのソロスはギリシャ建築としてもっとも美しい体裁を整えた建物として西洋建築史の一ページを飾る建物である。その周柱に囲まれた外径は約二〇メートル、円形建物自体の直径は約一〇メートルという、当時としては未曾有の規模を誇る建造物であるが、建設開始(前三六〇年)から完成までに四〇年を費やしている。

ところが、建物の躯体をコンクリートという構造材に変えることによって、石や煉瓦ではつくられなかった大規模かつ多様な構造物を短期間でつくることが可能になった。その典型的な例が、直径四三・八メートルの球体がすっぽりおさまる巨大なドームを擁する円形建物パンテオンである。パンテオンの建設期間はわずか七年であった。

ローマの建造物はギリシャの建造物とは一見して明らかに異なる。ギリシャのパルテノン神殿は、円柱と梁による直線的な構成が特徴である。石工という宮大工の手になる典型的な石造建築である。

一方、ローマの建築はアーチ、ヴォールト、ドームのような曲線によって構成されている。現存する古代ローマのもっとも大規模かつ典型的なドーム建築がいま述べたパンテオンである。一一八〜一二五年にハドリアヌス帝によって建設された。完全な半球形のコンクリート製ドームが、高さ三〇メートル、厚さが六・二メートルの巨大なコンクリート製円筒（ロトンダ）の上に載っている。この円筒は、幅七・三メートル、深さ四・五メートルの堅固なコンクリートの基礎に載っており、さらにこの基礎を強化するリングが設置されている。

パンテオンのドームは、比重の異なる各種の骨材を組み合わせることにより、コンクリートの単位重量を段階的に変えてできている。たとえば、下部には凝灰岩のみを用い、頂部では黄色凝灰岩と軽石を組み合わせた骨材を用いている。ヴォールト頂点では、基礎部分の約三分の二の重量になっている。これに加えて、ドームの厚さを、肩部分の約六メートルから頂部の約一・五メートルにまで減じることにより、ドームの曲げモーメントがドーム全体にわたってほぼ均等に保たれるような構造になっている。

このような複雑な構造のドームは、コンクリートの使用によって初めて可能になった。しかも、この新しい工法は単純作業の占める比重が大きく、奴隷などの未熟練労働者群を駆使すれば短期間での量産が可能であった。さらなる利点は、建設単価の軽減である。建設費の低減はローマの地に人類史上初めての巨大なコンクリート構

パンテオンの外観. 現代の建築物かと見まがうばかりの見事なドーム構造である.
出典）http://arts-sciences.cua.edu/gl/images

パンテオンの内部．5層の輪状格間(ごうま)はそれぞれ使用する骨材が異なる．頂部に向かうにつれて重量を軽くすることでドーム構造を実現した．

造物群を出現させた。

しかし、私がもっとも驚異の念に打たれるのは、このような大構造物が立ち並ぶ都市の生まれた時期である。西暦一一八～一二五年といえば、日本は弥生時代である。大和朝廷はおろか、邪馬台国すらまだ存在していなかった。当時の日本における建築物でよく知られているのは高床式倉庫だが、現存するものなどもちろんない。

2 ローマ帝国を衰退させた公共事業

ローマ人と公共事業　アウグストス帝以降の二世紀の間にローマは最盛期を迎え、その版図は西欧からアフリカ、オリエントにまで及んだ。パクス・ロマーナ（ローマによる平和）の時期である。ローマ人は、この間に、膨大な社会資本を建設した。その分布範囲は、ローマ本国はいうに及ばず、属州などを含めた広範な領域に及んでいる。その典型的な例が、首都ローマを中心とし、属州、植民都市、辺境を結ぶ大道路網であり、大規模な水道施設や港湾施設である。これらの社会資本はそのいずれをとっても、現代のものに比べてほとんど遜色のないものである。
しかし、およそ二〇〇〇年もの昔に、これだけの量と質の社会資本を短期間に築き上げるという空前絶後の事業を成し遂げたローマ人とは一体いかなる人々なのか。よく比較の対象になるギリシャ人は創造力に優れており、芸術や哲学などの形而上学的な世界を重視したといわれる。それに対しローマ人は、もっぱら実利的な世界に価値を見いだし、組織力と効率性の面で優れた才能を発揮した合理主義者であったといわれる。そして、無視できないのは、ローマの支配者である歴代の皇帝が概ね領土拡大主義者であったことである。領土拡張の手段となったのが大規模なインフラの整備であった。

インフラの整備は、外政、内政とならぶ「皇帝の三大責務」の一つであった。大規模なインフラ整備に要する多大な費用は、国庫ではなく、皇帝直轄の属州からの税収による皇帝公庫から支出された。ローマ帝国は属州からの莫大な税収で潤っていた。しかし、皇帝の意欲と財源だけでは絵に描いた餅であって、大規模なインフラを実現させることはできない。それを実現させたのが、コンクリートという革新的材料の利用と、分業化・組織化を基軸とした量産シフトの建設システムの導入であった。

ローマでは帝政期に入ってから職業の分業化が格段に進行したが、その動きは建設分野でも例外ではなかった。大規模な建築物の場合を例にとると、建築家自身と直属のスタッフ、機械の作業員、一般助手以外に、個々の職人親方のもとで働く、石工、煉瓦工、大工、運搬工、鍛冶工、配管工、彫刻工、ストゥッコ工、モザイク工、そのほかにも多数の半熟練労働者がいた。

工場生産による煉瓦が出まわるなど、建設材料の供給も組織化されていた。ネロ帝時代以降のローマやオスティアの建設業者はいかなる数量や寸法の煉瓦も注文することができ、それらはただちに配達された。このような態勢も、コンクリート構造物の量産化に多大の貢献をしたことは間違いない。コンクリートの型枠を石から煉瓦製品に変えることにより、未熟練労働者を活用して急速施工とコスト低減を図ることができたからである。

古代ローマにおいて、コンクリート建造物がさかんに建設されるようになったのはティベリウス帝の時代、紀元前二〇～三〇年の頃からである。その時代につくられたカラカッラ浴場の建物の巨大な壁をよく見ると、一定間隔の水平な筋模様が見える。壁体の型枠やコンクリートの骨材として使用されるようになった煉瓦である。厚さの薄い平瓦のような煉瓦がコンクリート構造の優れた表面材になることが認められると、一連の基準寸法をもつ煉瓦の生産が始まった。ローマの標準煉瓦は一辺がそれぞれ約五九センチ、四四センチ、二二センチの正方形

カラカッラ浴場．ベトン工法でつくられた．アーチ型の天井はパンテオンのドームと同様の構造である．水平に走る筋模様は平煉瓦の層である．

で、厚さは四センチから七センチにわたっており、形状は平板状である。用途によって、それらを二つに割った長方形煉瓦、対角線に沿って二つ、あるいは四つに割った三角煉瓦が用いられた。原料はローマ北部のボルセーナ湖から南部のアルバーニ丘陵群に分布するロームである。

壁体を施工する場合、水で固まるモルタルを目地材として煉瓦を積み上げ、型枠とする。型枠が一定の高さに達した段階で型枠内にコンクリートを流し込む。作業がここまで進んだら、さらに煉瓦を積み上げて新しい型枠を築き、その内部にまたコンクリートを流し込む。このような作業をくり返して高い壁体ができあがる。

現代では、型枠といえば一般に木製や鋼製であって、コンクリートが固まったら撤去する仮設的なものである。露出した建築物のコンクリート面にはタイルなどの外装材が後付け施工される。しかし、ローマ人は型枠として用いた煉瓦をコンクリートと結合させて、そのまま壁体の一部とした。そうすることで外装材としての機能ももたせたのである。

ただし、ローマの工匠たちには大きな悩みの種があった。二〇〇〇年後の日本では、山陽新幹線のトンネル内でコンクリート塊の落下事故がつづき、工事関係者たちの心胆を寒からしめた。事故原因として指摘されたのが、コンクリートのコールドジョイントである。ローマの工匠たちが危惧していたのも、まさにこのコールドジョイントであった。

煉瓦を埋設型枠として用いるローマのコンクリート工法は、かつて誰も目にしたことがない巨大な壁体を可能にする画期的なものであった。しかし、上下に積み重ねた壁体間の付着に弱点があった。煉瓦を積み上げる組積工事では、作業のための足場や煉瓦型枠を外部からささえる木製型枠が必要である。これらの仮設作業と煉瓦を積み上げる作業には一定の時間がかかる。ところが、この間に、前に流し込んだコンクリートは固まってしまう。

そのため、上に流し込まれた新しいコンクリートとは完全に付着しないのである。壁体を上下に分離する不連続面、それが壁体の一体性を失わせるコールドジョイントである。

コールドジョイントは、ポンペイのパラエストラ(体育館)やプリーマ・ポルタ出土のリウィアの別荘に痕跡が残されている。これらは、現存する希有な例であり、コールドジョイントによる倒壊でいまに伝わっていない建造物が数多くあったと推測される。コールドジョイントは、ローマにおける初期のコンクリート建造物にとって、まさに時限爆弾のようなものであった。

この問題が解決されたのは、平煉瓦が一般的に使用されるようになってからである。一層のコンクリートが打ち上がるごとに、大きい平煉瓦で蓋をしていく。煉瓦は適度の水分を含んだ状態のコンクリートとは付着が良好である。平煉瓦で蓋をすると、壁体の一体性を確保するのに効果的であった。しかも、次のコンクリートを流し込むまでに起こる、コンクリート表面からの水の蒸発も抑えてくれる。工事の各段階の区切りを付けると同時に壁の水平度も確認できるので、一石四鳥であった。カラカッラ浴場の壁にある水平な筋模様は、この平煉瓦の層なのである。煉瓦とコンクリートとの相性が良いことは、約一八〇〇年前に建設されたオスティア・アンティカやハドリアヌスの別荘などが立証している。

さて、これは蛇足だが、これらの建造物の壁を見て、気がつく点がもう一つある。それは、上下水平に一定間隔で小さい孔があいていることである。これは、組積工の作業台となる可動足場をささえる小口径の木材の差し込み孔である。この差し込み孔はローマの組積工事に共通する特色の一つであるといわれている。これはまさに山陽新幹線の高架橋工事における急速施工の一環として採用されたブラケット工法の先取りにほかならない。

コールドジョイントができてしまう工法

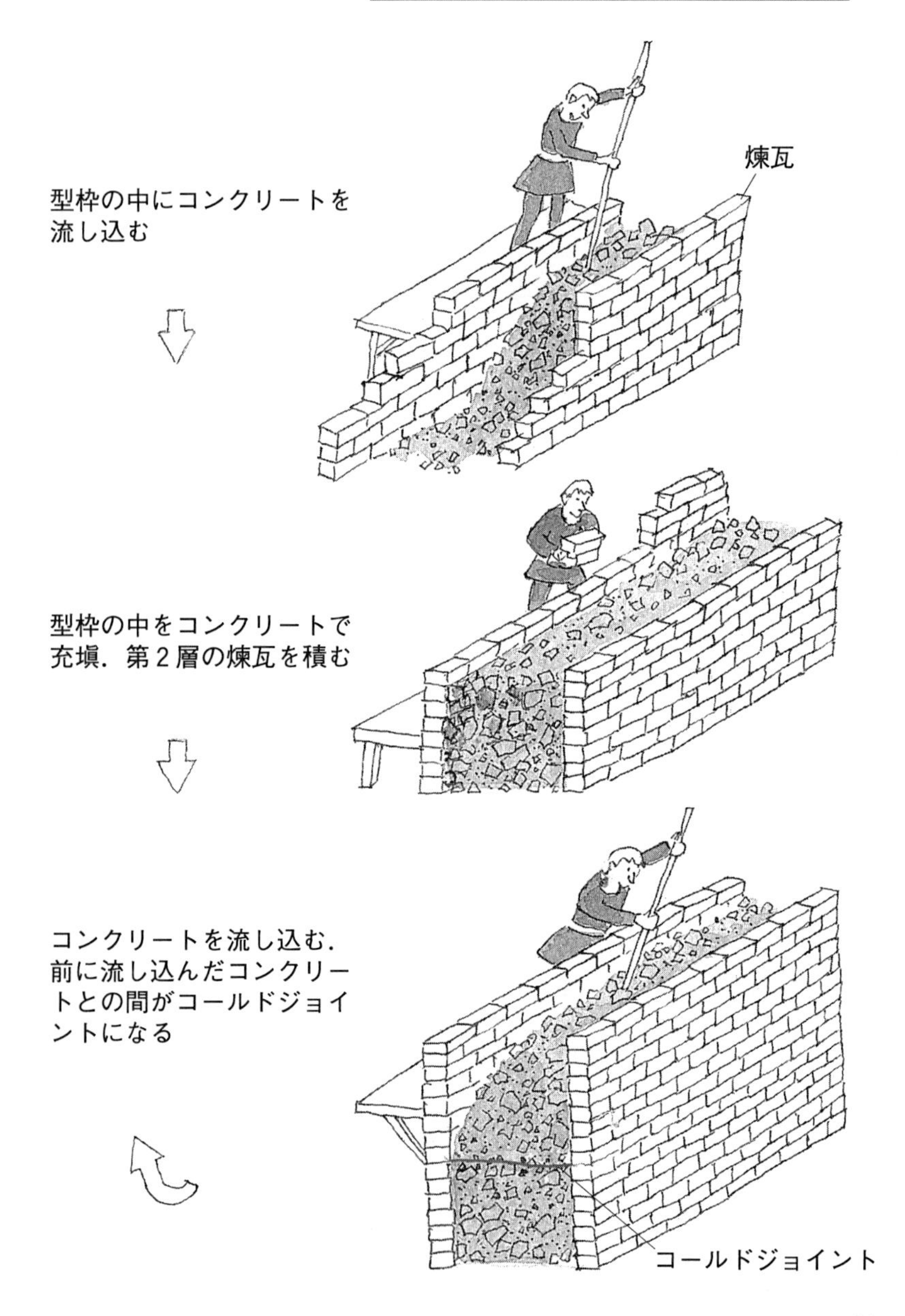

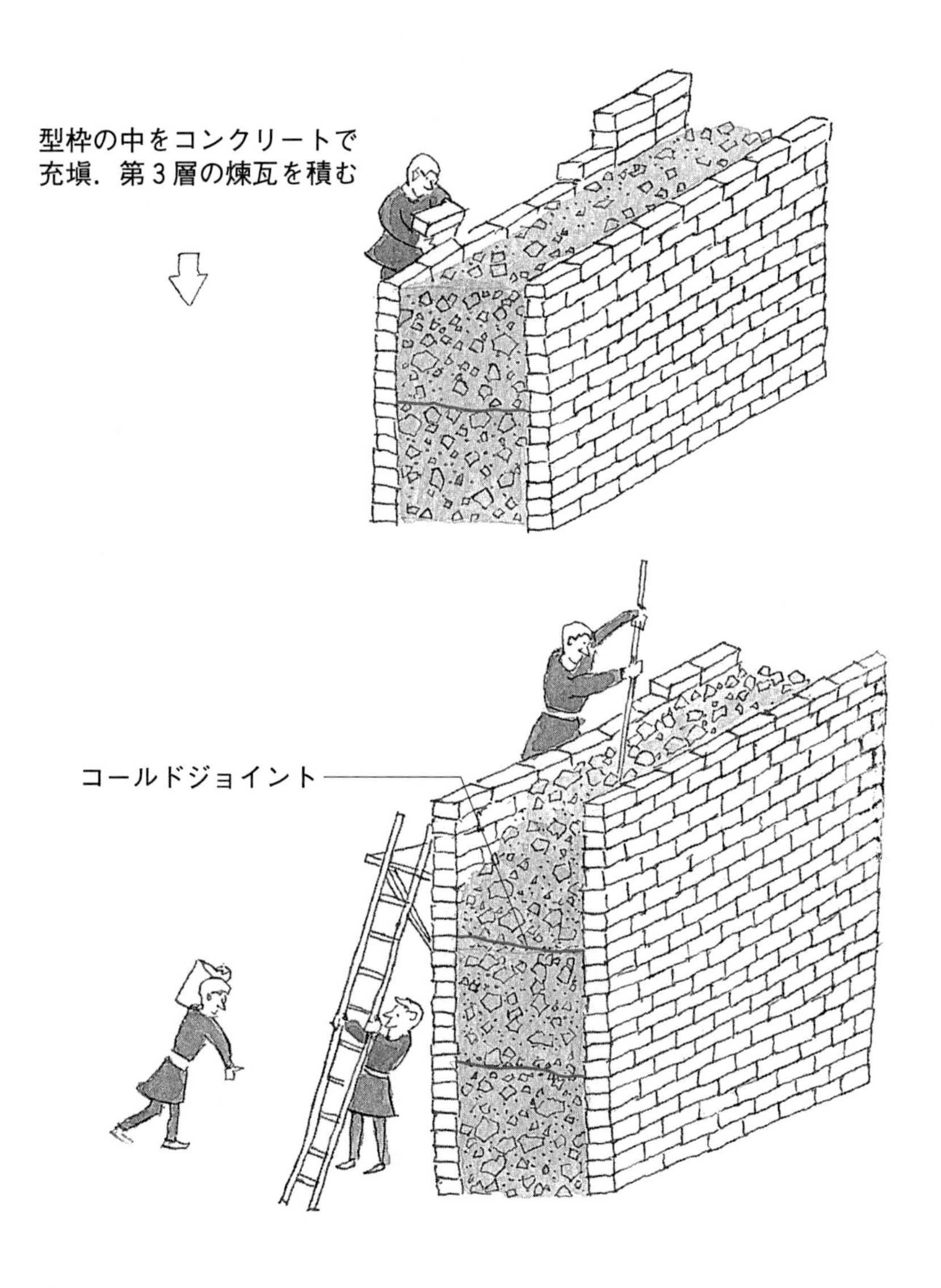
型枠の中をコンクリートで
充填．第３層の煉瓦を積む
コールドジョイント

コールドジョイントができるのを防ぐ工法

型枠の中にコンクリートを流し込む．充塡された面に大型の平煉瓦を乗せる．

コンクリートと煉瓦はよく密着するので，コンクリートはすぐには乾燥しない．

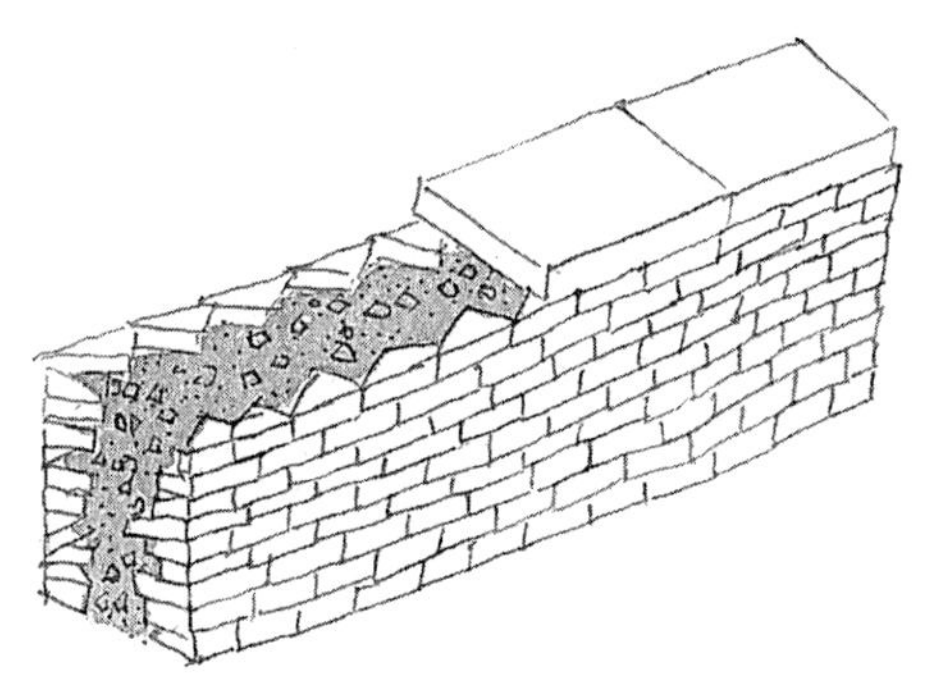

第２層の煉瓦を積む．

ローマの煉瓦壁に見られる足場用の孔(パラティーノの宮殿跡)．現代におけるブラケット工法の先取りである．

ローマを目指す水道

古代ローマの市民生活をささえたのは水道と港湾施設であった。水道は、紀元前三一二年に建設されたアッピア水道に始まるが、ローマの人口増加にともない、最後の後二二六年のアレッサンドリーナ水道にいたるまで一一ルートが建設された。水源地はいずれもローマ市よりも高地にあった。そこで、重力を利用した自然流下によって、水源地から都市までの遠距離をできるかぎり水平に近い勾配を保持しつつ導水しなければならなかった。そのために、渓谷や窪地には水道橋を架設し、水位の低下を防ぎながら上水を目的地まで運んだ。

ローマ市近郊南東部にクラウディア水道（後五二年）の水道橋の一部が残されている。畑の中を、ひたすらローマ市に向かって延々と連なるアーチ橋は見る者に強烈な印象を与える。この水道橋は、目地材に水で固まるモルタルを使用した石造建造物（凝灰岩および斑岩）である。アーチ橋の上に設置されている石造導水路の内面にも漏水を防ぐため、水で固まるモルタルが塗装されている。

ローマ市内とその近郊では、石材や煉瓦で覆われたコンクリート製水道橋が建設された。これらの水道橋は、ローマ市に近づくと二層あるいは三層のアーチ構造となり、一層のアーチでも導水路が二階建てまたは三階建てになっている。水源によって水質が異なるので、混合配水を避けるためである。

たとえば、クラウディア水道とアニオ・ノーヴァス水道の建設は並行して進められたが、前者の水源は湧水、後者はアニエーネ川の表流水だった。二層アーチの一階がクラウディア水道、二階がアニオ・ノーヴァス水道で、二本の導水路がそれぞれローマ市内の配水池と連結した。ローマ市内ではマッジョーレ門やティブルティーナ門に、二階建て導水路の水道橋の名残りを見ることができる。アイフェル水道の導水路本体には、コンクリートが使用された。水道はローマ本国のみならず属州にまで及んでいた。その一例が、ニームの水道である。

ローマへ向かう水道網.
Carpiceri, A. C.: *Rome 2000 years ago*, Boncechi Edizioni〈IL Turio〉, 1981
をもとに作成.

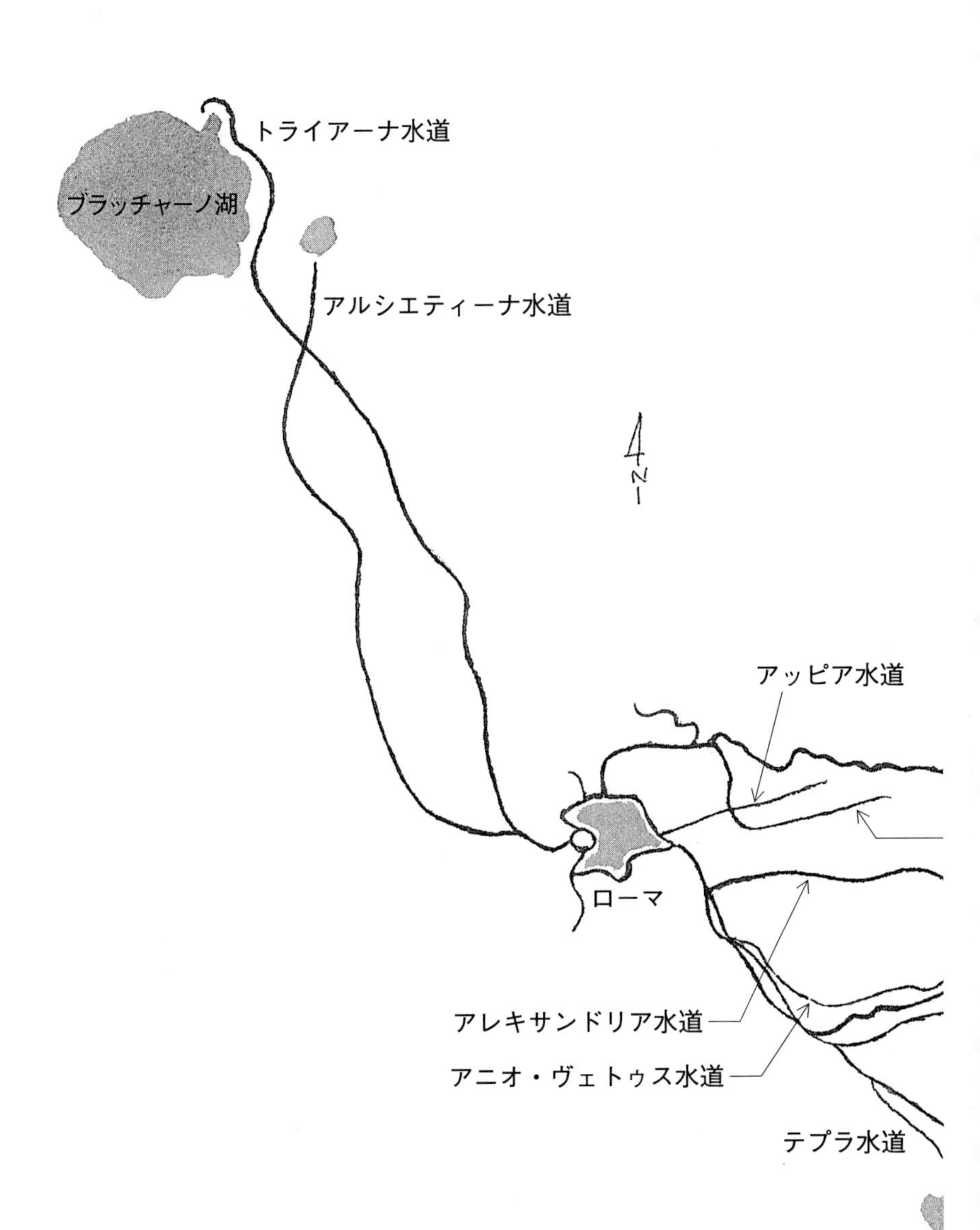
トライアーナ水道
ブラッチャーノ湖
アルシエティーナ水道
N
アッピア水道
ローマ
アレキサンドリア水道
アニオ・ヴェトゥス水道
テプラ水道

クラウディア水道橋．漏水を防ぐため，アーチの上にある導水路の内面には水で固まるモルタルが使われた．

コンクリートが威力を発揮したのは水道橋や導水路にとどまらない。ローマ市民に生活必需品を供給し、海外へ兵員を輸送するためには港湾施設の整備が必要不可欠であった。ローマにはティヴェレ川の河口付近にオスティア港があった。前四世紀に海軍の基地として発展した。しかし、河口付近で漂砂による浅瀬が形成されたため、大型の商船はティヴェレ川の中に入れない。このために、海外から輸送されてきた穀物などは小船に移し替えてオスティア港に搬入するか、もしくはナポリ湾にあるポッツォリ港に荷揚げして二〇〇キロの陸路を輸送していた。

ローマの人口が増大し、物資輸送が限界に近づいた前一世紀、クラウディウス帝(前四一～五四在位)はティヴェレ河口の北の海岸に人工港を建設した。陸上から延長された二本の円弧状の防波堤(延長約八〇〇～九〇〇メートル)に囲まれた泊地はクラウディウスの港と呼ばれ、水面積は約七〇万平方メートルであった。

防波堤は二つの方法でつくられた。一つは、陸上でつくられた巨大なコンクリートブロックを幅広の船で運び、折り重なるように沈めてマウンドを築いていく方法である。海中に沈めるブロックはできるかぎり大型で重いものがよい。大きい自然石の使用は輸送に手間と費用がかかり、実際のところ不可能であった。その点、現場で大型のものが製作できるコンクリートブロックは経済的な解決策であった。

もう一つの方法は海中に橋脚を立ててつくる多径間のアーチ橋方式である。このような、アーチ構造の防波堤は、クラウディウス港の北防波堤に見られる。海中にコッファーダムと呼ばれる止水壁を設けて、中の海水を汲み出す。止水壁は橋脚を取り囲む二重壁からなっており、海底に打ち込まれた木杭と厚い横板でできている。二重壁は相互に連結しており、その間に粘土や水草をしっかりと詰め込んで水密にする。杭打ち船を用いて海底に基礎杭を打ち込んだ後、海底に人が降り立ってアーチの橋脚部分を積み上げる。橋脚とアーチはコンクリートでつくられた。

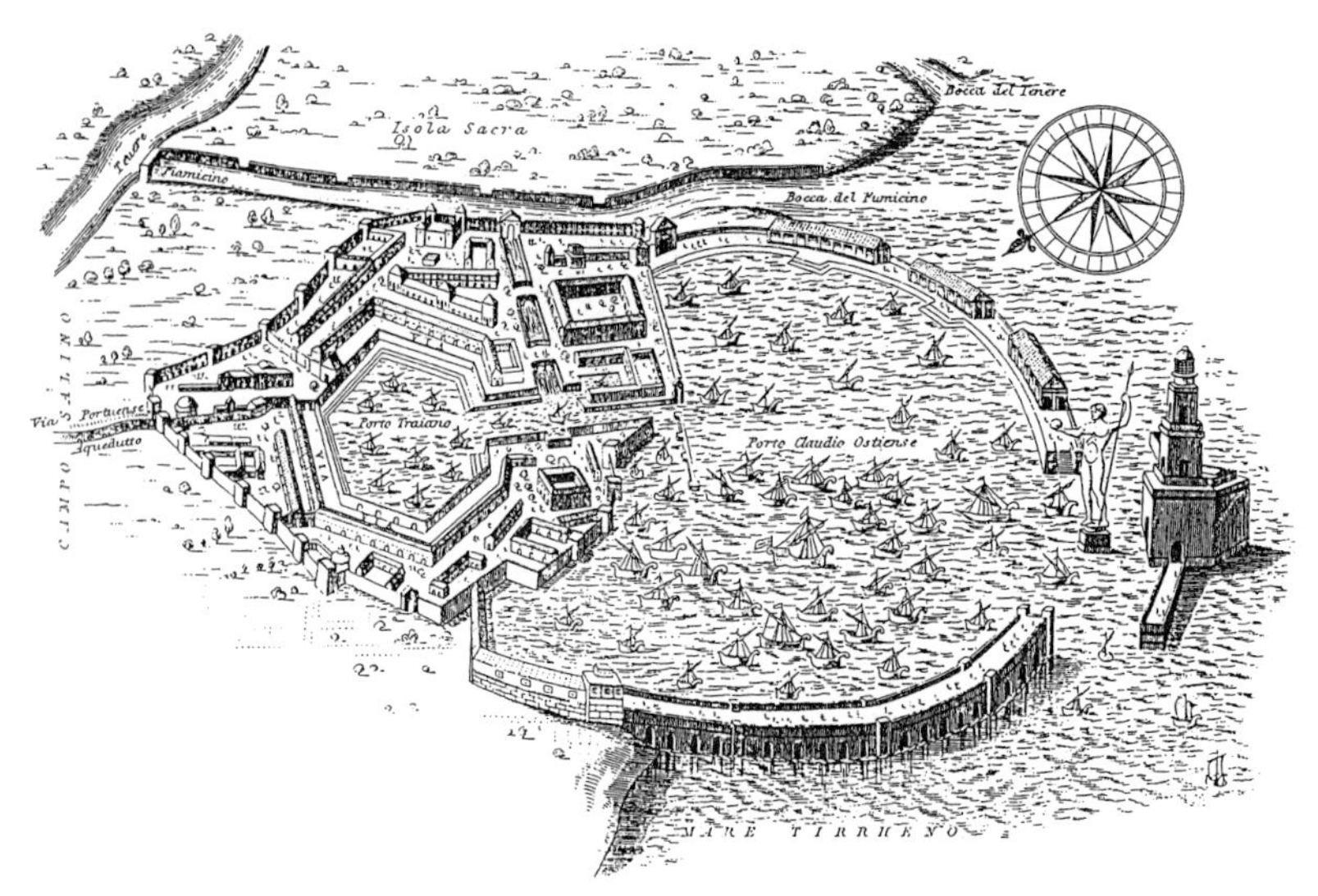

クラウディウス港の防波堤．手前の円弧状の防波堤は多径間のアーチ橋として海上に張り出している．上方の防波堤には荷揚げ用の建物が並ぶ．
図版提供）楡井康裕氏

軍隊がつくった道路網

「すべての道はローマに通ず」の最古の出典は、一七世紀フランスの詩人ラ・フォンテーヌの『寓話』であるといわれている。ローマの膨大な道路網建設の第一歩は、紀元前三一二年に建設されたアッピア街道であった。当時、ローマはカンパーニア山地を本拠とするサムニテス族と戦っていた。戦場となった南部のカプア付近までは二〇〇キロ以上もあり、サムニテス軍が平地に下りてきたところを叩こうとしてローマから駆けつけても、すでに相手はカンパーニアの山地に引き上げた後であることがしばしばであった。この時間差を解決するために、紀元前三一二年に戸口監察官であったアッピウス・クラウディウス・カエクス(アッピア水道の建設者でもある)は、ローマからカプアまで一直線に延びる街道を建設した。軍団の指揮官たちの絶大な支援により、わずか一八カ月で完成した。ローマ軍団は、このアッピア街道を急進してサムニテス軍を打ち破り、紀元前二九〇年にこれを降伏させた。アッピア街道は幅三・六メートルで兵士が三列縦隊で移動できる幅員が確保されていた。

ローマ帝国による道路建設のおもな目的は、軍隊の移動と補給物質の輸送を迅速に行うことにあった。ローマはこの後、三世紀末のディオクレティアヌス帝時代にいたる約六〇〇年間に、延べ八万五〇〇〇キロの幹線道路を建設している。この道路網は、アメリカ合衆国の州際道路の総延長八万八〇〇〇キロに匹敵する。

幹線道路はいずれもローマから一直線に目的地まで延びていた。そのために、数多くの橋梁とトンネルの建設をともなった。幹線道路は、重武装の兵士だけが通るのではない。各種の兵器、たとえば重さ一〇〇キロの石を発射できるカタパルタ(石弓)用の巨大な木造四輪車や戦闘用の四輪馬車などの重交通に耐える構造が必要だった。幅員は幹線で約一二メートル、準幹線で約六メートル、一般道で約三・六メートルであった。

次ページの図は、幹線道路の舗装構造の一例を示したものである。隙間をモルタルで埋めて一体化させた切石

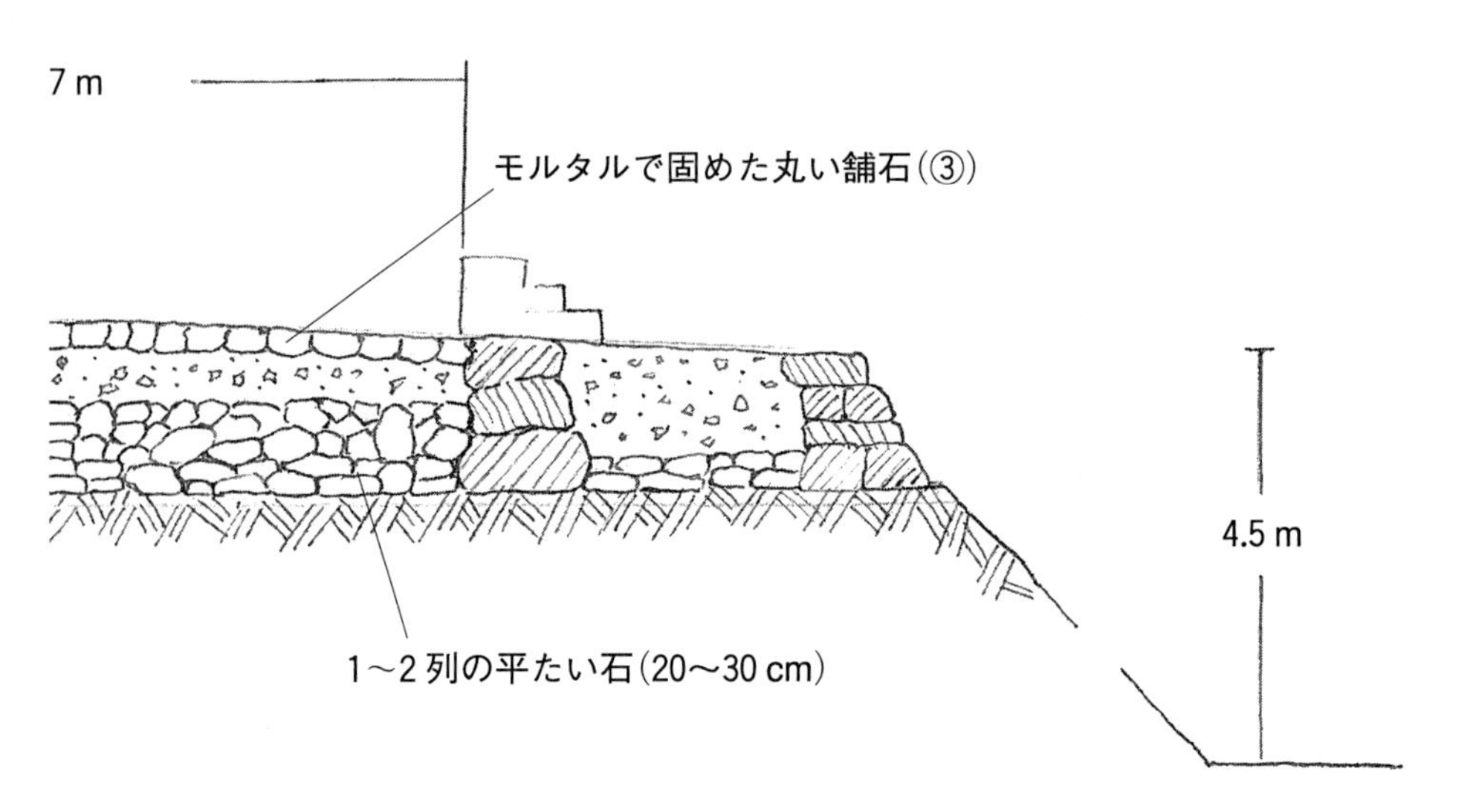

クルミ大の小石の層(25 cm)

こぶし大の小石の層(25 cm)

ローマ道の舗装構造．上図は幹線道．下図は属州の道．
シュライバー『道の文化史——一つの交響曲』(岩波書店，1962)をもとに作成．

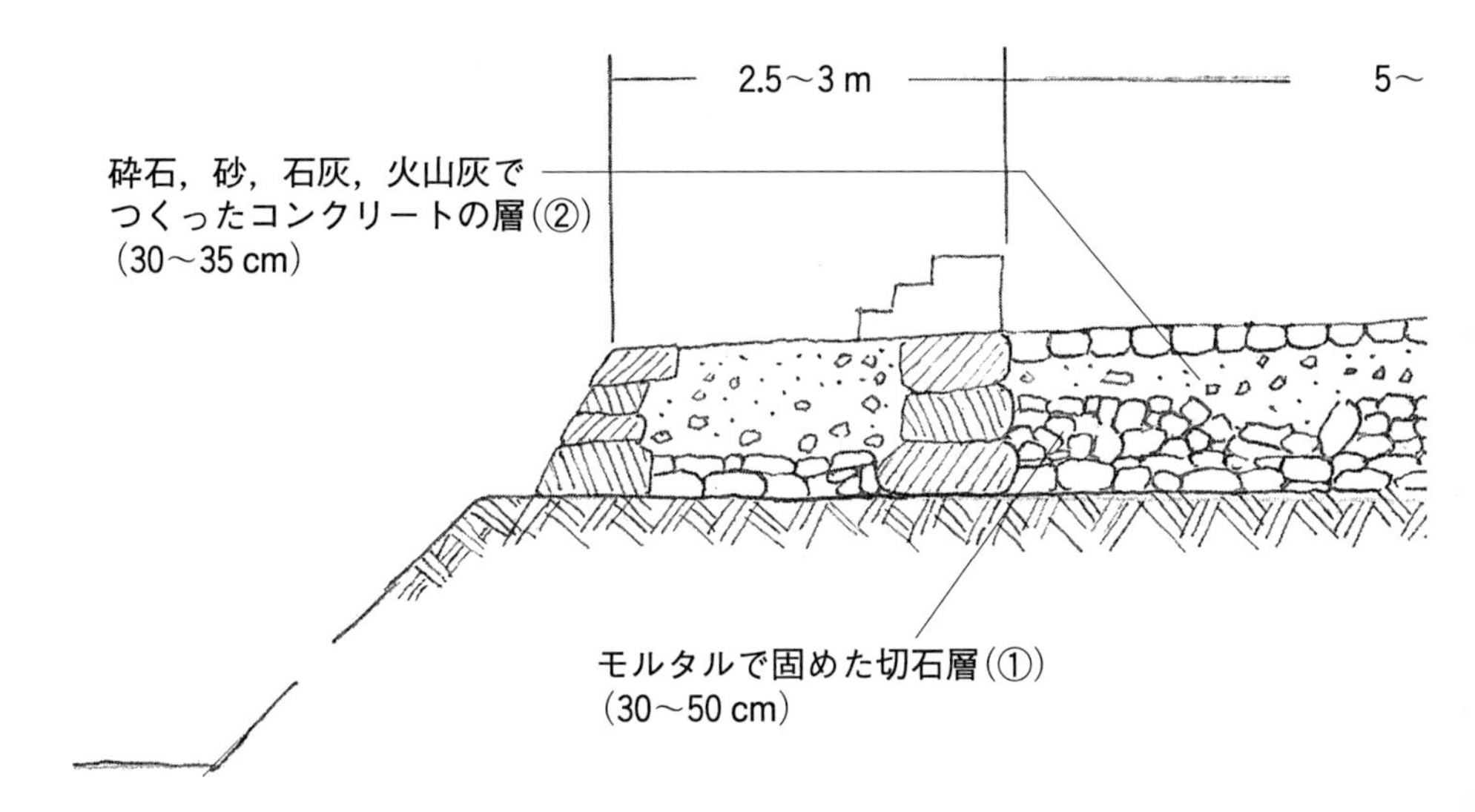
2.5～3 m
5～
砕石，砂，石灰，火山灰で
つくったコンクリートの層(②)
(30～35 cm)
モルタルで固めた切石層(①)
(30～50 cm)

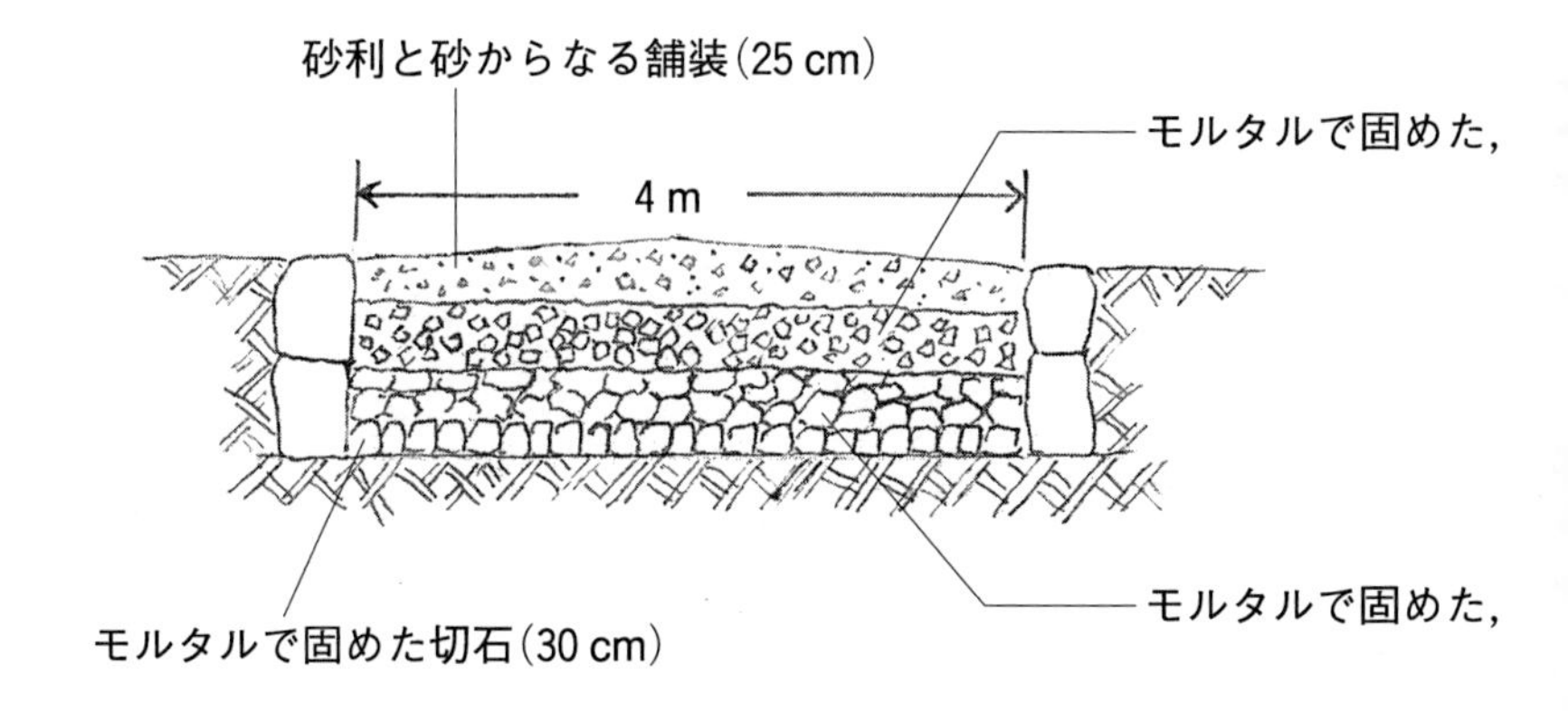
砂利と砂からなる舗装(25 cm)
モルタルで固めた，
4 m
モルタルで固めた，
モルタルで固めた切石(30 cm)

の層①の上に、コンクリート層②を設け、その上に舗石を敷き詰めた層③が重なる。舗石を固める目地材として用いられたモルタルには、火山灰や煉瓦粉が混入されている。このような舗装構造は、基本的には現代のものと変わらない。すなわち、①の層が路盤、②の層が基層、③の層が表層に相当する。

下の図は、ゲルマニアの国境地帯における道路の舗装構造である。僻地であるため交通量も少なく、表層は砂利と砂を敷き詰めただけの舗装構造になっている。それでも、地面を一メートル掘り下げ、モルタルを目地材として結合した切石層からなる下層路盤、砕石や小石をモルタルで固めた二層の上層路盤からなる頑丈な構造を備えている。

現代の舗装では、山砂利、切込み砂利、川砂などを下層路盤材として用いるが、支持力不足の場合には、セメントや石灰などを用いて安定処理を行っている。古代ローマでは、切石をモルタルで固めた頑丈な下層路盤からなる道路が建設されていた。また、これらの舗装には表面からの流下水や浸透水などの排水も考慮されている。このような道路構造は、現代の道路工学の観点から見ても理に適うものである。

さて、塩野七生によれば、こうしたローマ道の規模や構造に関する本格的調査は一七世紀頃から各国の研究者によって始められた。古代ローマのほぼ全版図を網羅した広大な領域にローマ道の存在したことが確認されたのは第二次大戦終了後のことであった。ローマ道の全貌を明らかにしたのはドイツ人フォン・ハーゲンが組織した五名の研究者からなる調査隊である。七年の歳月をかけて欧州や中近東の実地踏査を行った彼らは、一九六八年に調査報告書『*The Roads that led to Rome*』を刊行した。そのなかでフォン・ハーゲンは次のように述べている。

「ローマ人の道路は人間の全歴史で測りがたい重要性をもつ。ローマは、文明の源泉であり、世界の長であり、その道のおかげで既知の世界の表面の大部分を支配することに成功したのである。」

ローマ道．ローマ近郊，アッピア街道での路面．

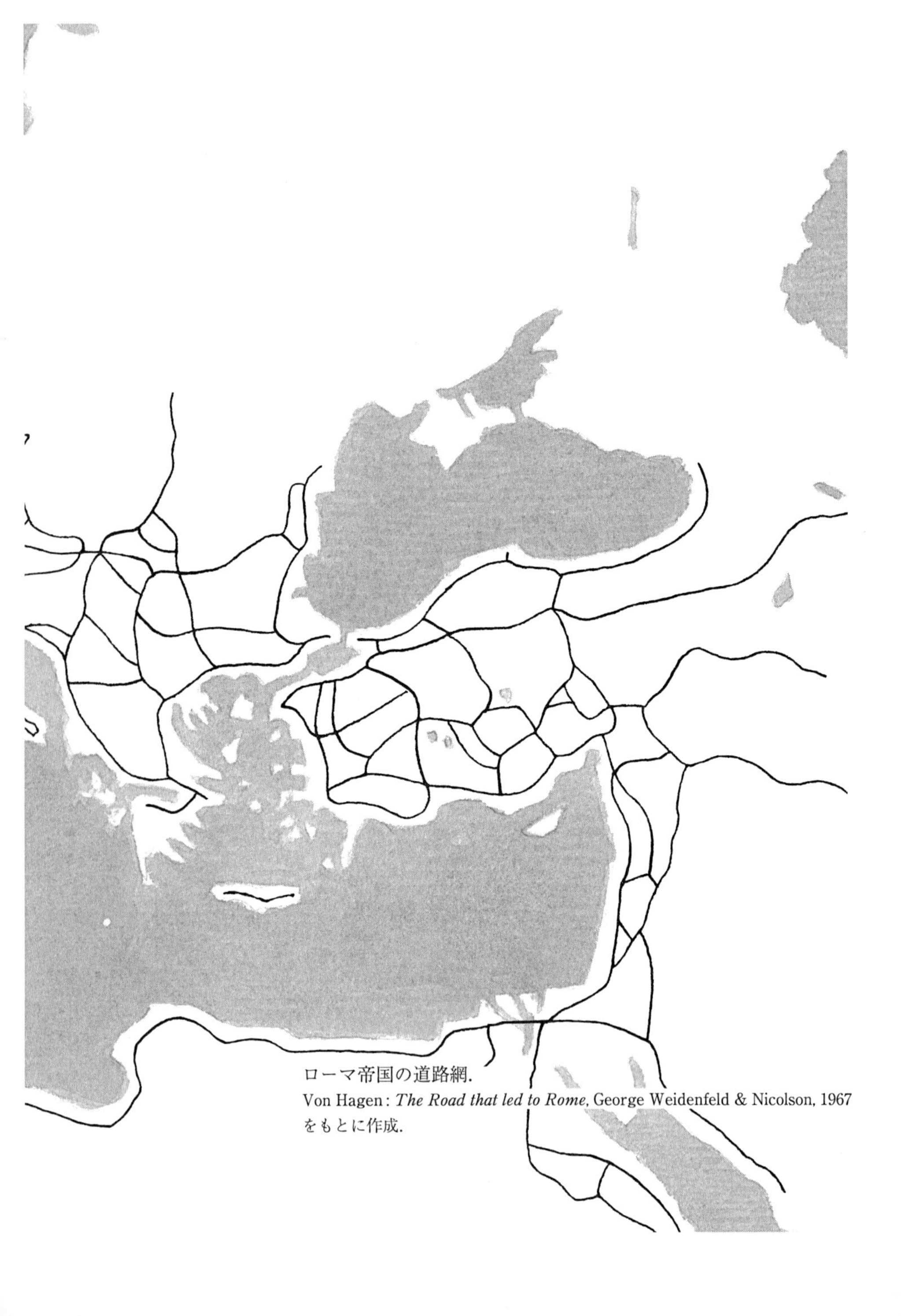

ローマ帝国の道路網.
Von Hagen : *The Road that led to Rome*, George Weidenfeld & Nicolson, 1967 をもとに作成.

3　廃れゆく遺物

老朽化との戦い　つくったものは、いつかは傷む。堅硬な岩石も長年月の間には風化して粘土になる。ローマ帝国も衰退期になると、新たに建造されたものは、後一三八年に即位したアントニウス帝がつくった二つの神殿といくつかの小さい建物など、ごく限られてくる。過去の建造物の修理・修復事業に追われはじめ、新規の建設がままならなくなったのである。アウグストスなどの神殿、コロッセウム、大競馬場などの修復工事が行われたが、これらは新しいものでも築後七〇年以上が経過していた。

ローマでは大規模な修復工事を必要とする建造物が年を追って増加していった。二世紀後半からは、老朽化した建造物の修理・修復事業が歴代の皇帝の重要な仕事になっていた。

建造物の修理・修復は財政に大きな負担となった。ローマの誇る水道網は建設当初から漏水に悩まされていた。度重なる補修にもかかわらず、数百年を経過したものは漏水が激しくなった。漏水の補修は決して簡単ではない。ある期間、通水を遮断しなければ補修はできないからである。補修の効果を確認するために通水を行った結果、漏水が止まらなかったり、別の箇所から漏水が起こることもある。建造物の漏水の補修は現在でも一筋縄ではいかない厄介な仕事である。

一方、石灰岩からなる地域を水源とする水道では、水に溶け込んでいるカルシウムが水路の壁や底に付着する。このため水路は次第にせばめられて通水能力が低下する。その例が、現在、フランスで観光名所になっているポン・デュ・ガール水道橋のあるニームの水道である。調査によれば、後四〇〇年頃までは定期的に付着層を取り除いていたが、それ以降はゲルマン民族の大移動などでニームの人口が減少したため、補修作業は打ち切られた。この類いの補修も決して生易しいものではない。固く付着した炭酸カルシウム層をはつりとるには大変な労力を要するからである。

ローマ帝国の財政破綻の兆しはすでに、ティベリウス帝（後一四〜三七在位）の時代に現れていた。新規の工事を減じても、公共事業関係につぎ込まれる資金と人と技術は莫大なものになった。不断のメンテナンスを必要とする建物、水道、街道はすさまじい数と量であったからである。ローマの技術者は「石は味方で水は大敵」と言っている。わずかなくぼみでも、風はそこに土を運んでくる。植物の種も運んでくる。そこに雨が降る。雑草は少しずつ根をはりめぐらす。吹けば飛ぶような雑草が大建築崩壊の原因になりかねなかった。

一九九三年、NHKテレビは「テクノパワー――知られざる建設技術の世界」という五回にわたる特集番組の最終回として、「巨大都市・再生への道」を放映した。この番組は、巨大都市としてニューヨーク、東京、古代ローマをとり上げ、膨大な社会資本はそれ自身の維持管理に途方もない費用を要し、メンテナンスを怠ると都市はゴーストタウンになると警告している。

番組では歴代のローマ皇帝が老朽化した水道の補修と戦った足跡を興味深く紹介している。場所は、ローマ市内のポルタ・マッジョーレ水道の近くにあるティブルティーナ門である。この門の上部にはラテン語で書かれた三段の碑文がある。最上部には、この水道をつくったアウグストス帝を讃える文字があり、紀元前五年と記されている。最下部には、この水道を補修した功績を讃える「祖国の父が老朽化のため使用中止になっていた水道を補修した」という文字がある。後七九年のティストス帝の時代である。中央の部分には、あとから無理に書き加えたような補修の記録がある。「二一二年、アントニウス帝自ら指揮を執って多くの崩壊箇所があった水道を修理した」という内容である。

巨大都市ローマの維持は国家財政上の重い負担になっていった。老朽化した建造物群で埋め尽くされた過密都市ローマは、どこから手を付けたらよいかわからない状態になっていた。ローマの再建をあきらめたコンスタンティヌス一世は、後三三〇年、コンスタンティノープルに遷都を決定した。

破壊と略奪で無残な姿に

古代ローマでは、建築物は廃墟の上に次々と積み重ねて建てられていた。たとえば、トライヤヌス帝(後九八～一一七在位)の大浴場はネロ帝(後五四～六八在位)の黄金宮殿の廃墟の上に建てられ、ディオクレティアヌス帝(後二八四～三〇五在位)の大浴場は二つの神殿といくつもの公共建物や私邸の上に建てられていた。ローマ人は改築をするときに土台となる建造物を必ずしも壊さず、また崩れた建物を取り除いて地ならしをすることもなかった。「丘はみな瓦礫の上にそびえている」と後二世紀の水道監督官であったフロンティヌスが記している。

後四世紀以降、ローマ帝国はキリスト教の時代を迎える。後五世紀初めまでに、ローマには二五の教区が存在し、現代に伝わるものだけでも八つの著名な石造りの聖堂が建設されている。しかし、その後、ローマは教皇の長いアヴィニヨン幽閉と、それにつづく教会の分裂の間に荒れ果てた。ローマが、ようやく落ち着きを取りもどすのは、一五世紀の後半からである。それまで、フォロ・ロマーノ、パラティーノの丘、コロッセウムなどの歴史的建造物は、草木の生えるにまかせ、地下に埋もれていくばかりであった。

都市ローマの再建は、ニコラウス五世が教皇庁をラテラノ宮殿からヴァチカンに移す決意をしたときに始まる。その意図は、ローマをカトリック・ヨーロッパの宗教的中心となる教皇の都へ再生させることにあった。以来、歴代の教皇たちはローマの再建に取り組み、かつて皇帝が君臨した都を教皇が統べる都へと変えていった。とく

18 世紀の画家ピラネージが描くローマ(カンポ・ヴァッチーノ).
遺跡は土中に埋もれるがままであった.
出典) Henri Focillon: *Giovanni Battista Piranesi,* Alfa, 1963.

に、ローマの再興者と呼ばれるシクストゥス四世は、道路、橋梁、水道などのインフラを整備するとともに、聖堂と病院を合わせた施設を新しい地域に建設し、ローマの再開発を強力に進めた。

しかし、そのあおりを受けて、地下に埋もれていた古代ローマの遺物が、あろうことか砕石場と化した。石積みの目地材となる石灰モルタルをつくるためには消石灰が必要である。消石灰は石灰岩を石灰釜で焼いてつくる。原料となる石灰岩は通常、採石場から切り出してくるものである。ところが、その原料は中世の建築家たちのすぐ足下にもあった。古代の建造物の壁を飾る大理石も石灰岩である。しかも、古代ローマの厳しい基準にかなうものだけあって純度が高い。同じ石灰岩ならば、数トンもあるような石材を馬車で延々と運んでくるよりも、間近にある壁を剝がして持ってきたほうが手っ取り早い。

一四七一年一二月一七日の書簡で教皇シクストゥス四世は、ヴァチカン図書館の建設にあたっていた建築家たちに、大理石を入手するためならばローマ市内のどこであろうと発掘してもよいという許可を与えている。採掘によって上の建物が倒壊しようが問題ではなかった。教皇アレクサンデル六世下では、掘り起こされたフォロ・ロマーノとコロッセウムが競売にかけられている。

こうした遺跡の破壊を起こした最大の原因は、サン・ピエトロ大聖堂の建設である。一五四〇年七月二二日、時の教皇パウルス三世は、この新しい大聖堂の建築家だけに無制限の発掘許可証を与えた。その結果、ディオクレティアヌス帝の大浴場の三分の一、クラウディウス帝の水道橋の一部、セプティミウス・セヴェルス帝の泉水堂のすべて、そのほか壮大な遺跡の数々が姿を消し、多くの初期キリスト教の建造物も失われた。

これは蛮族による破壊ではない。ルネッサンスの建築家や教皇たちによる計画的行為である。一九世紀後半に古代都市ローマの最初の本格的調査を行った考古学者ロドルフォ・ランチアーニは、嘆きと憤りをもってこう記した。

「ルネッサンスの偉大な巨匠たちは、私たちのモニュメントを信じられない恥辱と野蛮さでもって扱った。」

初代皇帝アウグストスが夢見た、光り輝く大理石の都ローマ。その一五〇〇年後の姿は、略奪の末、無惨にも荒れ果てた遺跡の群れであった。

第2章　二千年の闇をぬけて

——近代文明とコンクリート

ローマ帝国は、ライン河とドナウ河以西の全域にわたる属州に、その当時としては最高の建設技術を駆使して、道路網とミニローマと呼ばれた数多くの壮麗な都市を築き上げた。建設を担ったのは重要拠点に駐留していた軍団である。ローマ時代の属州でコンクリート建造物の建設にあたっていた一軍団はローマ市民権をもつ軍団兵六〇〇〇人と、それとほぼ同数の属州人の補助兵から構成されていた。職人集団は基本的には軍団自身が擁しており、その多くはローマ出身の軍団兵であった。軍団所属の技術将校の指揮下で、ローマ本国の仕様書にもとづいた建設が行われた。軍団は道路建設を進める一方、統一された計画をもった都市づくりも行った。広場、神殿、学校、倉庫、公共浴場、劇場、闘技場、水道、橋梁などが建設された。これらの建造物の多くはコンクリート建造物であった。ガリアの南(現在の南フランス)にその廃墟が数多く残されている。

しかし、三九五年にローマ帝国は東西に分裂、四七六年には西ローマ帝国がゲルマン民族の大移動によって滅亡し、ローマ帝国は五〇〇年に及ぶ歴史の幕を閉じる。その後約一〇〇〇年間にわたり、暗黒の中世がつづく。属州は十字軍の遠征や英仏百年戦争などの戦乱に巻き込まれ、新しい王国や帝国の建設と分割がくり返される。一五世紀に入ると、イングランド王国、フランス王国、神聖ローマ帝国(属州はライン河以西)、スペイン王国、ポルトガル王国などが興り、ほぼ今日における西ヨーロッパ諸国の版図に落ち着く。

この間、属州時代にローマ帝国によって培われたコンクリート技術はどのような歩みをたどったのだろうか。

割拠した属州の末裔たちに伝承されたのか。さらなる技術の発展はあったのか。答えはノーである。伝承もなければ発展もない。西ローマ帝国が滅亡してから一九世紀初頭までの約一三〇〇年間、かつてローマの属州であった国々でコンクリートによる大規模な建造物がつくられた形跡は見あたらない。大規模なコンクリート建造物をつくるためには技術者、職人、労務者からなる組織が必要である。たとえば、職人だけでも型枠大工、煉瓦積み工、ストゥッコ工、運搬工、石工、彫刻工、その他各種の人員を必要とする。コンクリート建造物をつくるための条件はすべて、ローマ帝国の滅亡とともに歴史の闇に消滅したのである。

とはいえ、南フランスのようなローマ文明の影響を強く受けた地域では、一〇世紀にいたってもコンクリートの製造法はかろうじて伝承されていた。たとえば、カルカッソンヌ城の壁にコンクリートが一部使用されている。南フランスでは建築の個々の部分をコンクリートでつくる方法が中世にいたるまで保持されていた。しかし、その質は組織的につくられたローマのコンクリートとは比較にならないほどお粗末なものであった。一九世紀に入ると中世のゴシック建築が考古学的・科学的に研究されはじめたが、この分野でもっとも輝かしい業績を挙げたフランス人ヴィオレ・ル・デュクはカルカッソンヌ城の使用例を調査し、次のように指摘している。「均質でなく、調合が悪く、つき方もまずい。使用された石灰は質が悪い。」

ただし、やむをえないことではある。コンクリートは元来、現地調達のローカルマテリアルである。それにもかかわらず、ローマ人は石灰をつくるのに用いる石灰岩の品質に関して、「白色、堅硬で最重の石灰石」という製造規準を厳格に課していた。しかし、そのような純度の高い石灰岩が都合よく工事現場付近に存在するわけではない。そこで属州で工事に携わっていたローマの軍団は、しばしば色のついた軟弱な石灰岩を焼成せざるをえなかった。

北ガリアにはローマの軍団が駐留していたトリアーという街がある。二世紀後半につくられた城壁の城門であ

カルカッソンヌの城壁で使用されているコンクリート．中世を通じ，コンクリートは建物の一部で細々と生きながらえた．
S. Giedion: *Architektur und das Wandels——Die drei Raumkonzeptionen in der Architektur*, Verlag Ernst Wasmuth, 1969 をもとに作成．

かったのである。

るポルタ・ニグラは黒い砂岩でつくられた石造建造物である。品質の劣るコンクリートで建てるわけにはいかなかったのである。

中世において大規模な建造物がつくられなかったわけではない。一〇～一三世紀に西ヨーロッパは教会と信仰の時代に入っていた。ローマ・カトリックの富と権威を背景に、各地では壮麗な大聖堂が建設された。一一世紀には南フランスを中心にロマネスク様式の教会が建設され、一二世紀以降、一六世紀にかけては北フランスに起こったゴシック様式の建築物が西ヨーロッパに広まった。ただし、これらはすべて石造建造物であった。

なぜローマ時代のコンクリートが一顧だにされなかったのか。それは、コンクリートが当時の教会建築にはなじまなかったからである。コンクリートで建造物をつくろうとすれば外装は煉瓦になる。煉瓦造りの教会は絢爛豪華とはおよそほど遠い建築物となる。ゴシックの様式を見れば、それは一目瞭然である。とくに、支柱の細みとヴォールトのきわだった高さ、壁の大きい開口を特徴とするゴシック建築の繊細さは、コンクリート建造物の量感とはまったく異質のものである。

大聖堂などの石造建築に従事したのは、ギリシャ時代の華々しい活躍とは対照的に、ローマ時代には歴史の表舞台から姿を消していた石工たちであった。ローマの軍団は消え失せたが、ヨーロッパ諸国の伝統的な職業であった石工は再び脚光を浴びることになった。

コンクリートを顧みなかった石工たちではあるが、石造建築の目地材としてモルタルは多用した。モルタルをつくる技術は、ローマ帝国の属州にいたこの石工たちに伝承されていた。その伝承を組織化したのが、中世ヨーロッパの都市でつくられた手工業者の同業組合ギルドである。彼ら石工たちの使っていたモルタルは、ローマ人からすれば粗末きわまりないものであったかも知れない。しかし、「水で固まる」という性質はかろうじて有していた。
中世において、コンクリートは石造建築の一部として細々と生きながらえることとなった。暗黒の中世は、コンクリートにとっても闇の時代であったといえる。しかし、その闇を貫き通す一条の光が、やがて海峡を隔てた対岸の島国イギリスから射しはじめる。ローマはまず、この新教徒の地で新しく蘇る。

1 スミートンの着眼点

エディストーン灯台とその再建　イギリス海峡に臨むイングランドのデヴォン州南西部にプリマスという港市がある。メイフラワー号の出航地として知られている。一七五五年一二月、このプリマスの南方海上の小さな岩礁上にあったエディストーン灯台が火災で消失した。この灯台の再建が、ひとりの土木技術者の手に委ねられた。彼の名をジョン・スミートンという。若干三一歳である。

土木技術者としての経験が三年しかなかったスミートンに与えられた仕事は、他の一般的な土木構造物――道路、橋梁、運河、港湾など――の建設にくらべて比較もできないほど困難なものであった。おもな課題は灯台が設置される現場の海象条件にあった。現場は、激浪に曝されるエディストーン岩礁上である。この岩礁は、プリマス南方二二キロのリザード岬とスタート岬のほぼ中間に位置しており、東西方向からの強風を受け、嵐の後には大波のうねりが何日もつづく。満潮のときには大半が海面下に没した。干潮で周辺の海が静穏のときは、幅が一二〇メートル以上もある数個の並列する礁脈が姿を現した。その表面は、西方に鋭く傾斜しており、海面下のかなりの距離までつづいていた。押し寄せる波浪は大量の海水の上昇を引き起こした。

ジョン・スミートン(1724-1794).
出典)Skempton, A. W. ed.: *John Smeaton, FRS*, Thomas Telford, 1981.

現在のエディストーン灯台．いかに過酷な環境下に建てられているかがわかる．
出典）http://www.btinternet.com/~k.trethewey/Lighthouse_News4.htm

スミートンは灯台の設計にあたり、耐火性と耐久性の観点から木材をまったく使用しない全石造とすることに決めた。試行錯誤の末に、もともと灯台の形状は円筒状であったが、広い基礎を確保するために、基底部に向かって拡大する末広がりの形状とした。二四層に積み上げた重さ約一～二トンの石材は高さ二〇メートルの灯台となる。これらの石材は相互の滑動を防止するためにバチ型に加工したものを用いる、という念の入れようである。

水で固まるモルタルの謎を解く

しかし、絶えず波浪に曝される状況下で、どのようにして基底部の石材を岩礁に固定させればよいのか。当時、一般的に用いられていた乾かして固めるモルタルは固まるのが遅い。たとえ干潮時に施工しても、満潮になると海水によって洗い流されることは目に見えていた。スミートンは、この解決策として、海水に対して耐久的であり、水の存在下で早く固まるモルタルで固定することを思いついた。

第1章を読んでこられた読者のみなさんは、ここでお気づきだろう。そう、スミートンも古代ローマのポッツォラーナに目を付けた。民族大移動によって衰退した西欧では、ローマ人の壮大な建設技術に出番はなかった。受け継がれたのは、煉瓦焼成法、石灰焼成法と消化法、モルタル調製法、ガラスや良質の陶磁器の製造法、などといった手工業的な知識であった。ポッツォラーナは、細々とした需要にささえられて、息も絶えだえ生き延びている有様だった。

それにしても、スミートンはどういうわけで、そのようなすでに忘れられて久しいものを使おうと思い立ったのか。彼は、エディストーン灯台が焼失する前から、水で固まるモルタルに大きな関心を寄せていた。一七五五年にはオランダに出かけて、トラスを用いたモルタルについて調査している。トラスとは、ライン川西岸のアイフェル火山地帯の凝灰岩を粉砕したものである。まさにプロイセン産ポッツォラーナで、中世を通じて中部ヨーロッパに供給されていた。この地域の凝灰岩については、すでに古代ローマの軍団がモーゼル川の北方に軍用道路を建設する際に見出していた。トラスもまた古代ローマに端を発するのである。

では、なぜオランダなのか。それは、トラスをいちはやく商品化したのがオランダだったからである。四〇年にわたるスペインとの独立戦争の結果、一六四八年にウェストファリア条約によって主権国家となったオランダは、間もなくヨーロッパ最大の貿易・海運大国になった。隣接するプロイセンのラインラント州では凝灰岩を採掘し、ライン川の水路を通じてこのオランダに持ち込んで粉砕し、トラスとして使用していた。そのうちにオランダ人は、トラスが港湾や堰堤の建設に不可欠な材料であることを知った。オランダのような海洋国家にとって港湾施設の整備は死活問題である。オランダはトラスを用いて港湾の建設を強力に進めていった。

一方、オランダは、トラスが輸出品としても価値があることを認識するようになった。アイフェル地域で採掘された凝灰岩の原石を、ライン川のアンダーナハ港経由で輸入し、粉砕加工して商品に仕立てて輸出しはじめた。トラスの輸出は、原材料の輸入先であるプロイセンの各都市にまで及んだ。一六〇四年、オランダ製品の進出に堪りかねたバイエルンのエルンスト選定侯は、一定期間、凝灰岩原石のオランダへの輸出を禁止する法令を公布している。

スミートンは、エディストーン灯台の建設を委託されるとただちに、工事に必要不可欠となる水で固まるモルタルの開発研究に着手した。スミートンの第一の課題は、ローマ人が執拗にこだわった石灰の品質であった。モルタルに使用する石灰をつくるには、白色で堅硬なもの、すなわち純度の高い石灰岩が適しているという考え方は、古代ローマのカトーやウィトルウィウスから一八世紀フランスのベリドール、そして同時代の建設技術者にいたるまで不変のものであった。しかし、属州におけるローマの軍団が石灰岩を現地調達しなくてはならなかったように、スミートンもまたイギリス産の石灰岩を使わなくてはならなかった。

イングランドにはチョークと呼ばれる中生代白亜紀の石灰岩が分布している。ドーバー海峡の「白い壁」を構成する岩石として知られている。この石は吸水率の高い軟質の石灰岩である。ローマ人の製造基準からすればまったく話にならない代物である。ところが、スミートンは、当時進行しつつあった産業革命の申し子ともいえる技術者であった。彼は、古来より伝わる石灰の製造基準がはたして妥当なものかどうか、その研究に取り組むことから始めた。そして、この軟らかいチョークを焼いてつくった石灰が、ローマ以来の伝統的なモルタルの製造基準に適うものであるという重要な発見をした。彼は、「石灰の品質に影響を及ぼすのは石灰岩の堅さではなく、何か別の性質である」という結論を得たのである。

その「何か別の性質」の手がかりになるような情報が、間もなくスミートンに伝えられた。それは、アバーソウの石灰岩――イギリス南西部の青色石灰岩で粘土質――を焼成すると、水中でも硬化するような石灰が得られるというものであった。驚くべきは、ローマ人が用いていた火山灰や凝灰岩との混合を必要とせず、石灰そのものが水で固まるという点である。スミートンは、早速、その検証実験を重ねた。その結果、アバーソウの石灰岩を用いると、二四時間後には際立って堅くなり、さらに時間が経過すると、他のモルタルより格段に安定した性状を保持することがわかった。このことは、ある種の石灰岩を焼成すると、火山灰や凝灰岩粉末などを混入しなくとも水で固まる石灰が得られるという画期的な意味をもっていた。ここに、二〇〇〇年間にわたって伝えられてきた「セメントに用いる最良の石灰は、純白・最堅・最重の石灰岩を焼いて得られる」というカトーの原則は根本的に覆されることになった。

スミートンは、石灰岩の何が「水で固まる」という性質を与えるのかを突き止めるために、友人の化学者であるクックワーシィに助言を求めた。クックワーシィは、各種石灰岩の重量分析を提案した。試料を硝酸によって溶解し、沈殿物を定量するのである。純粋の石灰岩はすべて溶解するので沈殿物はない。しかし、アバーソウの石灰岩では多量の沈殿物が確認された。それを乾燥させると、微粒で青色の粘土の外観を呈していた。この微粒子を集め球状に成形して焼成したところ、赤みがかった堅い煉瓦ができた。

スミートンは、後年に取りまとめた著書の中で、「この実験を通じて、石灰岩の組成における粘土の含有量が接水工事用石灰のもっとも確かな価値尺度であるという着想を得た」と述べている。その値として、スミートンは、粘土の含有量が五〜二一パーセントの範囲ならば水で固まる石灰が得られるとした。上限値の二一パーセントは、現在のポルトランドセメント製造における石灰岩に対する粘土の混合比に相当する。

灯台の建設と水で固まるモルタル

灯台の建設は、傾斜している岩礁を六段に切り取る作業から始まった。岩自体は堅い片麻岩で、切断が難しい。そこで、結晶面に沿って割れやすい性質を利用して部分的な破壊をくり返すことで切断された。切り取りは直線上ではなく、二つのバチ型の切り込みを設けるように行われた。そこに設置される石材が水平方向へ滑動するのを防止するためである。

一七五七年六月一二日に重さ二・五トンの最初の石材が、翌一三日には三つの石材が現地に陸揚げされた。これらは、スミートンが実験を重ねて開発した水で固まるモルタルによって岩礁に固定された。据えつけられた石材の間には相互に楔と木釘が打ち込まれ、その隙間の縦目地には、流動性に富んだモルタルが注入された。これらの目地の露出面には、石膏による一時的な被覆が行われた。満潮時における目地材の流出を防止するためである。

エディストーン灯台の建設に使用されたモルタルは、アバーソウ石灰岩でつくった石灰とチビタ・ヴェッキア(ローマ北部、古代ローマ以来の港湾がある)のポッツォラーナを等量混合したものである。スミートンはトラス

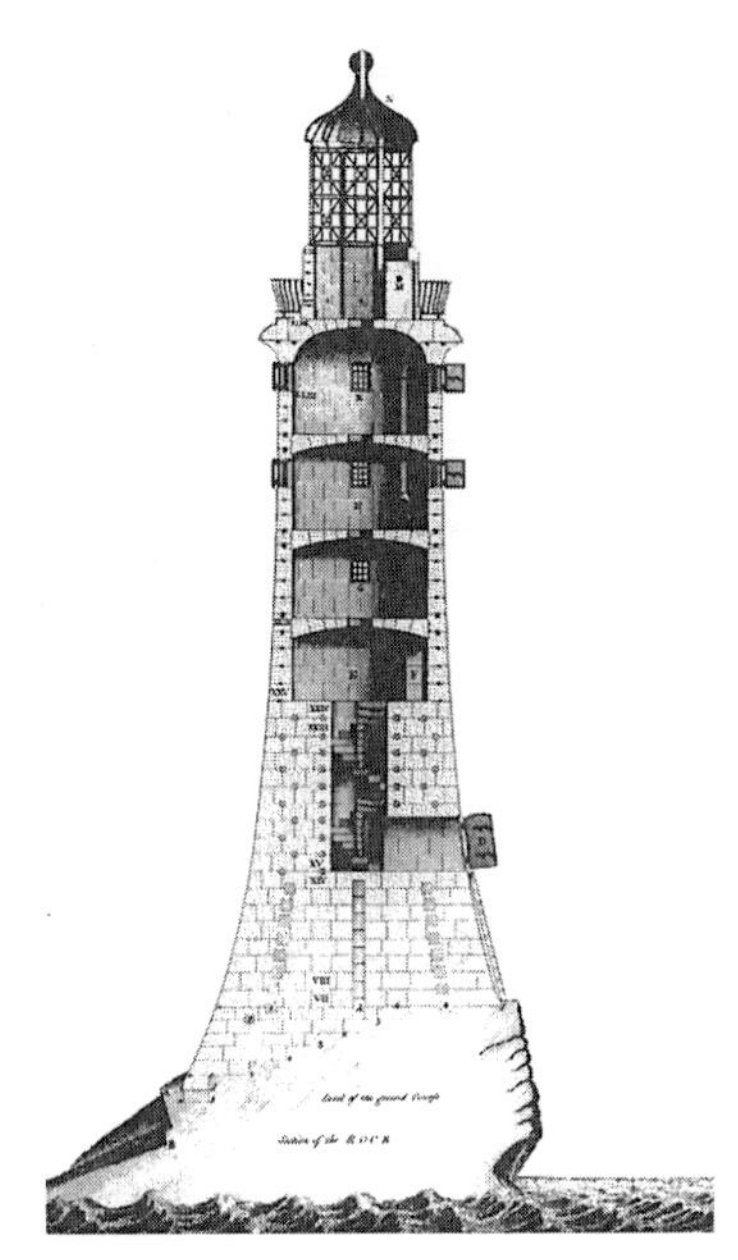

スミートンが建てた灯台の構造図.
出典)Skempton, A. W. ed.: *John Smeaton, FRS*, Thomas Telford, 1981.

が最善のものかどうか決めかねていた。そこにたまたま、品質に定評はあったが高価なチビタ・ヴェッキアのポッツォラーナを格安に提供するという話が持ち込まれた。ある商社が、イタリアから輸入してウェストミンスター橋を建設する業者に売り込もうとしたが失敗したために宙に浮いていた商品であった。

アバーソウ石灰とチビタ・ヴェッキアのポッツォラーナの混合物について、スミートンは、これは疑いもなく「強度と耐久性の面で、市場で取引されている最上のポルトランド石に匹敵する」セメントであると述べている。ポルトランド石とは当時、ロンドンで好んで使用されていた建築用石材である。この石材はジュラ紀の石灰岩で、ポルトランド島で切り出されていた。このスミートンの言葉が、のちに近代的なセメントの製造に成功したイギリスの煉瓦職人J・アスプディンをして、彼の製品を「ポルトランドセメント」と命名させることになった。

一七五九年一〇月、灯台は完成した。スミートンは一七九一年に、エディストーン灯台の建設と水で固まるモルタルの開発研究に関する著作『エディストーン灯台の建設と工事記録誌』をロンドンで出版した。彼は翌一七九二年に没したが、第二版が一七九三年、第三版が一八一三年に出版されている。灯台は一八八二年に撤去された。灯台をささえている岩石層が海水によって著しく侵食されたからである。その跡には、現在、高さ四〇メートルの新しい灯台が建設されている。撤去された灯台は、スミートンが樹立した偉大な先駆的技術の記念碑として、現在、プリマス市内の公園に移設・保存されている。

スミートンの知見と業績に対し、一九世紀のセメント科学者たちはきわめて高い評価を与えている。一八三八年、イギリスのパズレーは、「およそ二〇〇〇年にわたる古い誤謬を取り除いたもの」と述べているし、ドイツのミハイエリスは彼の古典的な著作である『水硬性モルタル、特にポルトランドセメント』の序文において、「有名なスミートンがエポックメーキングな建造物であるエディストーン灯台を建設してから一〇〇年が経過した。航海者のみならず、全人類にとっても、このファルスは暗夜に光をもたらした感銘の象徴である。科学的な意義としても、この光はおよそ二〇〇〇年の暗黒を貫いたものである」と記している。
近代の幕開けは、コンクリートの新たな時代の幕開けでもあったのである。

2　近代化をささえた鉄筋コンクリート

ドイツ国会議事堂のたどった道　一九八九年一〇月、東ドイツの社会主義政権が倒れ、一一月には冷戦の象徴ともいうべきベルリンの壁が崩壊した。翌九〇年一〇月三日には西ドイツが東ドイツを吸収してドイツの統一が実現し、戦後四一年間に及ぶ分断の歴史に終止符が打たれた。そしてこの日、多数のベルリン市民がブランデンブルク門近くのドイツ連邦議会議事堂前に集まって再統一を祝った。なぜ市民たちはこの場に集まったのか。その理由を解く鍵が、建物正面に屹立している二層の対をなす円柱群と、ファサードの破風に刻まれている「DEM DEUTSCHEN VOLKE(ドイツ国民のために)」。

この重厚なネオ・バロック様式の建物は、一九世紀末に建設されたドイツ国会議事堂——ライヒスターク——であった。普仏戦争に勝利をおさめたプロイセンは、一八七二年に神聖ローマ帝国以来の悲願であった統一ドイツ帝国を誕生させた。ドイツ帝国の誕生で、三九七名に及ぶ議員を収容するライヒスタークの建設が必要になった。一八八四年に建設が始まり、一〇年の歳月を費やして完成したライヒスタークは、鉄血宰相ビスマルクの時代に統一を達成したドイツ帝国の象徴であった。一〇〇年後のベルリン市民は、この記念すべき建物の前に集まって再統一を祝ったのである。

しかし、この建物がたどってきた歳月は悲劇に満ちたものであった。一九三三年と一九四五年の二度にわたって炎上した。最初の炎上は放火によるもので、ナチス政権を誕生させる引き金になった。二度目の炎上は、ベルリン攻防戦におけるソ連軍の火炎放射器によるものであった。建物に立て籠もったナチス親衛隊(SS)に、ソ連軍が猛攻を加えたのである。戦後の再建にあたって内部は一新されたが、ライヒスタークの重厚な外観は保存された。

一九三三年に議事堂が炎上したあと、ナチス政権は議会場をティアガルテン公園のオペラ劇場(現在のコングレスホール)に移した。炎上した議事堂を国政の場とすることはなかった。全権委任法によって国会から立法権を奪い、一党独裁体制を確立したナチスにとって議事堂など必要なかったのである。

その一方でナチスは、この建物の優れた耐火性に注目していた。ライヒスタークは石造である。石造建造物というと、一見、火災に強いという感じがする。しかし、中世以来、石造建造物の火災は後を絶たなかった。一二世紀から一三世紀にかけて火災で崩落した建造物は、著名な大聖堂だけでも、イギリスのカンタベリー大聖堂、アミアン大聖堂、フランスのシャルトル大聖堂、ランス大聖堂、四度の火災に見舞われたストラスブール大聖堂などがある。一六六六年のロンドン大火では、古いゴシック聖堂であるセントポール寺院が多くの教会とともに炎上し、一六八九年には初期ドイツ・ロマネスク様式のシュパイアー大聖堂が大火で崩壊した。

石造建築といっても屋根やドームの小屋組は木造であった。フランス北西岸のモン・サン・ミシェル島には、世界文化遺産として登録されている大修道院教会がある。一〇～一五世紀にわたって建設された城塞のような修道院で、年間六五万人の観光客が訪れる。この修道院は外部から見ると石造建造物であるが、内部に入って天井を見ると、スレート張りの屋根をささえているのはアーチ型の木造小屋組である。僧坊の天井は大小の角材と板材が上階の床をささえている。ロアール河流域に散在する古城も、部屋の天井(床)はほとんど木造で、壁だけが

炎上するライヒスターク．1933 年．
写真提供）akg-images

石造である。石造建造物の火災の原因は、落雷と絶やさず灯されたロウソクの火であった。

ライヒスタークのドームは、ビザンティン様式の石積みであった。建設にあたって問題になったのは床組みである。大聖堂のような建物では巨大な空間があればよい。側廊の上部などに床をつくる必要があれば、石積みのヴォールトでささえる床組みとすれば事足りた。しかし、議事堂のような機能性を要求される建物では、議場のほかに数多くの小会議室や控室を建物上階につくる必要がある。そこで、一定間隔に配置された鉄骨にささえられた木造床組みが考えられた。ところが、それでは火災に弱いという欠点がある。では、どのような床組みがよいのか。

この問題を解決したのが、当時開発の進められていた鉄筋コンクリートである。そして、その選択が正しかったことを証明したのが一九三三年の炎上であった。このとき、ライヒスタークの軀体はほとんど損傷を受けなかった。ナチスは、耐火性の立証されたこの建物を接収し、精鋭部隊である親衛隊の兵舎とした。そのライヒスタークに優れた耐火性を与えたのは、二人のドイツ人技術者とひとりのフランス人発明家であった。

鉄筋コンクリートの誕生

普仏戦争に勝利した頃のドイツは、三六年間にわたる産業革命を達成し、重化学工業を中心とする後期工業化社会の段階に入りつつあった。ドイツは一九世紀後半の五〇年で経済規模を四倍に伸ばした。国民一人あたりの所得は、年三八〇マルクから七八〇マルクへと倍増した。一八七〇年を一〇〇とした場合のドイツの工業生産指数は、一八八五年の時点でイギリスとフランスの一三〇に対して一八〇、一九〇〇年の時点でイギリスの一八〇、フランスの二〇〇に対して三八〇に達した。二〇世紀初頭には、工業力の指標として用いられる銑鉄生産量でもイギリスを抜き去り、ドイツはヨーロッパ随一の工業国となった。

急速な工業化はさまざまな社会的変動を引き起こした。その一つが都市化の進行である。工業化は、農村から都市への人口移動をもたらした。ベルリン、ハンブルク、ライプツィヒという大工業都市を中心に都市人口が増加し、人口一万以上の都市は一八七五年の二七〇から一八九〇年には四〇〇に達した。鉄道網の急速な整備が人口の流動化に拍車をかけた。

都市化の大規模な進行は、数多くの上下水道、舗装道路、住宅・病院などの社会基盤を短期間に整備することを迫った。当時、貯水槽や給排水路などの上下水道施設は石造であり、建造物も石造または木造であった。しかし、短期間に数多くの施設や建物を石材でつくることが困難であるのは誰の目にも明らかであった。一方、木造建造物は火災に弱いという致命的な欠点があり、腐食しやすいという耐久性の面でも問題があった。当時の建設関係者は、耐火性、耐久性ともに時代の要求に応えるような機能を有する材料を求めていた。ライヒスタークの建設はまさにこのような時期に行われた。

着工翌年の一八八五年末、建物の工事全般をとり仕切っていた政府土木局技師長マティアス・ケーネンのもとへ、ひとりの実業家が訪れた。フランクフルトで建設業を営むグスタフ・ヴァイスである。用件は、鉄とコンクリートを組み合わせてつくる特許工法を、議事堂の壁に適用できないかという提案であった。現在の鉄筋コンクリートのプロトタイプである。ヴァイスは、わずか数センチの壁厚で十分な安全性と耐火性が得られることを強調した。議事堂の耐火性という課題を抱えていたケーネンは、この特許工法が、壁でなく床に使えないかと関心をもった。

しかし、これといった実績がない未知の工法を、国家的建造物に導入するためには多くの課題を解決する必要がある。とはいえ、すでに工事は始まっており、逡巡している場合ではない。新生ドイツ帝国の象徴となる議会議事堂が、火災によって瓦解するようなことは許されなかった。ケーネンはこの工法に賭ける決意をかためた。

ライヒスタークで使われた鉄筋コンクリート．
左図は施工時の様子（想像図）．

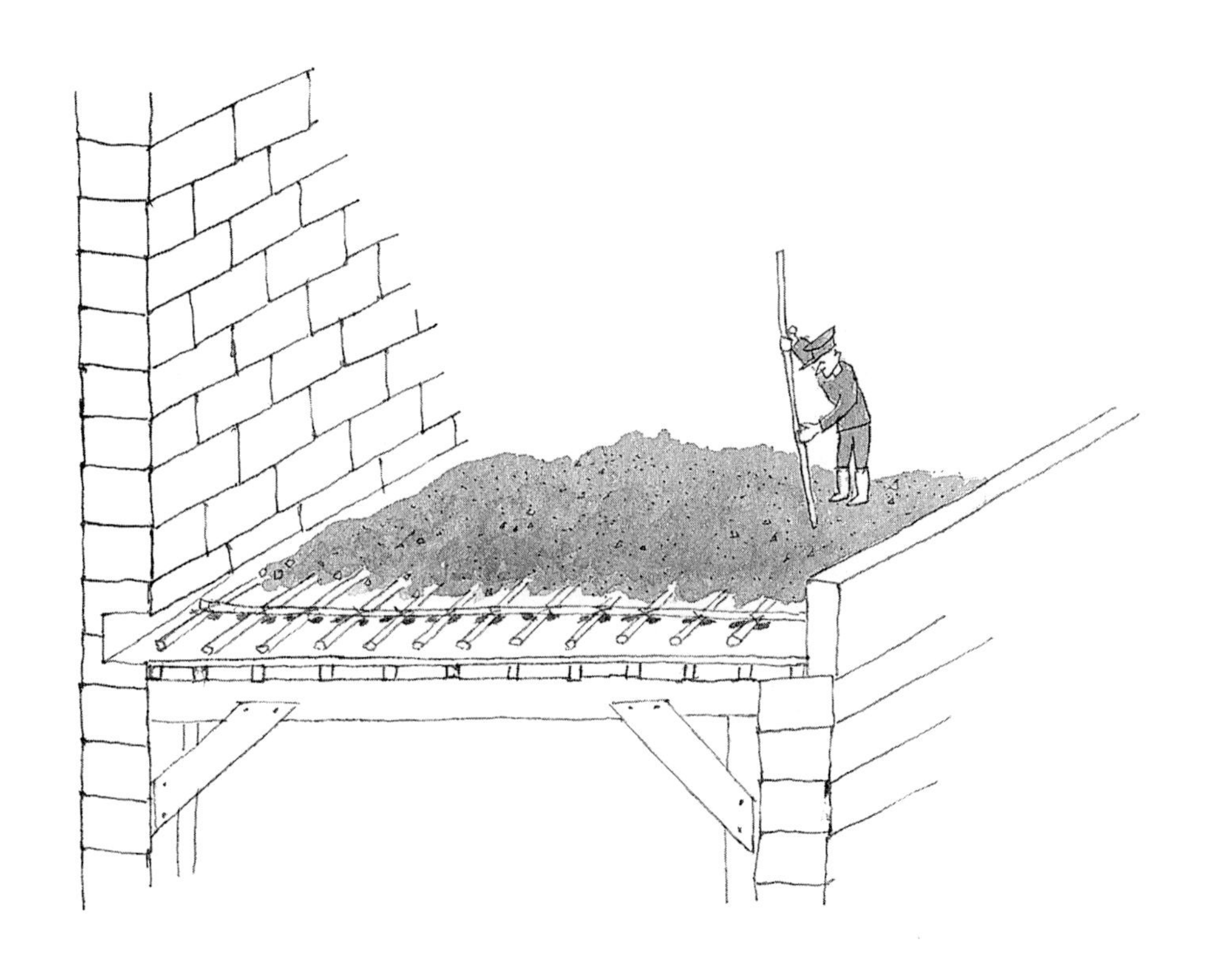

それから三年間、ケーネンは全力をかたむけて課題の解決に没頭した。

なによりもまず、鉄とコンクリートという性質の異なる材料を一体化してつくったものが、半永久的な構造材として成り立つのかという根本問題から取り組む必要があった。たとえば、温度変化に耐えられるのか、鉄筋が腐食しないか、鉄筋とコンクリート間の付着力は確保されるのか、などの問題があった。ケーネンは、これらを検証するために、ヴァイスに適切な指示を与え、当時のドイツで第一級の専門家を動員して多くの実験を行った。鉄筋腐食の実験は、材料力学におけるバウシンガー効果で有名なミュンヘン大学材料研究所のバウシンガー教授に依頼した。

さらに、この工法を床に適用するためには、どの程度の鉄筋を、どの部分に配置するのかという設計方法を明らかにする必要があった。それまでは、経験と勘に頼って鉄筋を用いていたからである。ケーネンは、材料力学にもとづいた鉄筋コンクリート床版の設計方法を開発した。

そして、着工四年後の一八八八年早春、ケーネンは懸案であった議事堂の床に初めて不燃性のこの新材料を導入した。帝国議会議事堂のような枢要な建造物に用いられたことが、鉄筋コンクリートの実用化の追い風になった。これを契機として、まずドイツで工場、倉庫のような建物や貯水槽などに鉄筋コンクリートが多用されるようになり、次第に欧米諸国へと拡がっていった。こうして、中世以来の石造建造物の歴史に転機が訪れた。二〇世紀の幕開けとともに鉄筋コンクリートの時代が始まったのである。

先駆者たちのプロフィール

鉄筋コンクリートの実用化に先鞭をつけたケーネンとヴァイスの経歴にはいくつかの共通点がある。その一つが、工科大学出身のエリート技術者であったという点である。

当時のドイツにおいて工科大学に進学するためには、アビトゥーアという大学入学資格を取得する必要があっ

マティアス・ケーネン(1849-1924．左)とグスタフ・ヴァイス(1851-1917．右)．
出典) *Vom Caementum zum Spannbeton*, Bauverlag GmbH, 1964.

た。アビトゥーアを付与できるのは、ギムナジウムという政府認定の九年制中高一貫校である。一九世紀の後半において、ギムナジウムに入学し、アビトゥーアの資格を取得した生徒は同一世代人口の一パーセント台であった。アビトゥーア取得者のうち、大学に進学する者は七割程度に留まった。残りの三割は、軍の高級将校などへの道を歩んだ。当時のドイツの大学卒業者には希少価値があった。ケーネンはプロイセン工科大学、ヴァイスはシュツットガルト工科大学出身である。これらの大学はそれぞれ、日本における東京大学と東北大学の工学部に相当する。

二番目の共通点が、大学卒業後に鉄道建設の仕事に就いたことである。ケーネンは鉄道庁に入り、大工事であった北東部の都市ダンツィヒとワルシャワ大公国の首都ワルシャワ間の鉄道工事をわずか二年半という短期間に完成させている。一八七七年のことであった。一方、ヴァイスは大学卒業後、ヴュルテンベルク王国の鉄道局に就職し、ウルムから南下してスイス国境ボーデン湖畔のフリードリッヒスハーフェンにいたる鉄道建設に従事している。二人が鉄道建設の仕事に就いていた一八七五年に、ドイツの鉄道の総延長はイギリスのそれを抜いてヨーロッパ随一となり、その勢いは一九世紀末までつづいた。彼らが鉄道建設に携わった経験はやがて、鉄筋コンクリート実用化に活かされることになる。

三番目の共通点が、父親が土木関係の仕事に就いていたことである。これは、第二次大戦前後に活躍した日本の指導的土木技術者にも認められるところで、万国共通の現象かも知れない。

ケーネンは五年間の実務に従事した後、国家建築士の資格を得てベルリンで設計事務所を経営するかたわら、大学の講師を務めた。この間、構造力学関係の学術論文を数多く発表し、一八八二年には政府土木局の技師長となった。三三歳の働き盛りのときであった。この三年後、ライヒスターク建設の陣頭指揮を執っている最中に、ヴァイスの訪問を受けたのである。

一八八八年七月、一つの転機が訪れた。ライヒスタークの軀体工事が終わったのである。ケーネンは、株式会社に組織がえして間もないヴァイスの会社に雇われることになった。ヴァイスと一心同体で、それ以降の半生を一貫して鉄筋コンクリート技術の確立に捧げた。

一方、ヴァイスはかねてからコンクリートに関心をもっていた。故郷であるシュバーベン地方では石材が少なかったので、比較的早くからローマンセメントによるコンクリートが用いられていたからである。ヴァイスは、一八七九年にフランクフルトにコンクリート歩道をつくる会社を設立した。

その六年後の一八八五年、ベルギー北部の貿易都市アントワープで大産業博覧会が開催された。なぜアントワープなのか。一八世紀に始まったイギリスの産業革命は、一九世紀の半ばには大部分の北西ヨーロッパ諸国に拡大した。まず、ベルギーとオランダ、次にプロイセンとフランス、そしてロシアである。これらのなかで、ベルギーは小国ながらもヨーロッパ大陸でもっとも早く産業革命を終え、工業国への転身を果たしていた。イギリスと大陸諸国、大陸諸国相互の中継ぎ役としての役割を担っていたが、その拠点となったのがヨーロッパ随一の貿易港であったアントワープであった。

アントワープの大産業博覧会を訪れたヴァイスがベルギーの展示場で見聞したものが、その後の彼の人生を決することになった。それは、貯水槽やサイロ、管類、床スラブなどを対象にした鉄筋コンクリートの特許工法である。この特許はフランスの庭師ジョゼフ・モニエの発明によるものであった。ヴァイスはモニエの特許の実施権を有するドイツの建設会社から再実施権を得て新しい会社を設立し、積極的に営業活動を始めた。それから間もなく、ベルリンのブランデンブルク門からほど近くのライヒスタークの工事現場を通りがかった。そのとき、「これは新しい特許工法を宣伝するのに絶好の機会である」と考え、ケーネンに接触を図ったのである。

鉄筋コンクリートという新技術の開発において、ケーネンとヴァイスという組合せは絶妙なものがあった。ケーネンは沈着冷静で研究熱心な学者であった。一方、ヴァイスは新技術の開発に意欲を燃やす企業家であった。ただし、ケーネンとヴァイスが単なる学者や企業家と異なる点は、ともに国家公務員として公共工事に従事した経歴をもっていたことである。新世紀を目前にして国のさらなる発展を図るためには、社会基盤の早急な整備が必要であると考え、そのためのツールとして鉄筋コンクリートの将来性に着目したのである。二人は、緊密に協力しながら、鉄筋コンクリートの実用化に全力をかたむけた。鉄筋コンクリートは二〇世紀に入ってから急速に普及し、近代国家形成に必要不可欠のツールとなっていった。

パリの庭師のプロフィール

ここで話題を転じよう。一八六三年に撮影された一枚の写真がある。髭を生やした男が、小さいショベルを片手に作業にとりかかろうとしている。その前には、半割りの円筒状型枠で囲まれた末広がりのメッシュが見える。高さは立っている男の膝くらいである。この男はいったい何者か。鉄筋コンクリートのアイデアを思いついたパリの庭師ジョゼフ・モニエである。

日本で庭師といえば、植木職人のイメージがある。しかし、ヨーロッパの庭師は職人というよりもデザイナーである。古くは一七世紀後半、ルイ一四世の命を受けてヨーロッパを代表するヴェルサイユ宮殿庭園の基本設計を行ったル・ノートル、近代建築の象徴として人気を集めたロンドン万国博(一八五一)の水晶宮を設計したバクストン、どちらとも庭師としての経歴をもつ。しかし、モニエには、デザイナーというよりも各種の施設・設備を含めた造園一式を手がけた造園師というほうがふさわしい。

写真は、モニエが鉄網とモルタルで植木鉢をつくろうとしているところである。陶器でつくった植木鉢は割れ

ジョゼフ・モニエ(1823-1906).
足下にあるのは製作中の鉄筋を入れたモルタル製の植木鉢.
出典) *Vom Caementum zum Spannbeton*, Bauverlag GmbH, 1964.

やすく、木材はすぐ腐食する。モニエは、これらに代わるよい材料がないかと考えていた。樹木を取り扱っているうちに、鉄とコンクリートとを組み合わせるというヒントを得たのである。

木材の強度は、木繊維とリグニンという接着剤によって得られる。モニエは、木繊維を鉄棒に、リグニンをモルタルに置き換えることによって人工の木材をつくり、手初めに植木鉢をつくってみた。さらに、ベンチ、階段や人工岩石などの庭園付属物も、この人工木材でつくった。その一例が、一時、日本でも公園の垣根などに用いられたコンクリート製の擬木である。

この段階で留まれば庭師の道楽の域をでない。しかし、モニエはちがった。特許という手段を通じて自分のアイデアを次々と企業化していったのである。

ところで、特許制度はいつ頃から始まったのか。その起源は一六世紀のベネツィア共和国にさかのぼるが、近代の特許制度は一七世紀前半のイギリスで誕生した。一六二四年に制定された独占大条例がそれである。発明者には一定期間の市場の独占権が与えられ、その権利が侵害された場合には、侵害者に対して多額の賠償金を請求できる。一定期間が過ぎれば独占権は消滅するので、技術の普及と革新は推進される。この条例のもとで、ワットの蒸気機関(一七六七年英国特許九一三号)やアークライトの水力紡績機(一七六九年英国特許九三一号)などの画期的な新技術が次々と発明され、イギリスの産業革命の原動力になった。セメントの工業生産も一八二四年に、イギリスの煉瓦職人アスプディンによる特許取得が契機になっている。特許法制定の動きは、まもなく欧米諸国へ拡大していった。アメリカでは一七八八年に、モニエの母国フランスでは一七九一年に、ドイツでは一八一三年にそれぞれ特許法が成立している。いずれも、イギリスの後を追って産業革命に成功した国々である。

モニエは一八六七年に、「造園のための鉄とセメントモルタルからなる植木鉢および容器」という特許を申請・取得した。これが、鉄筋コンクリートという新しい構造材の萌芽となり、彼の名を後世に残す契機となる。モニエは取得した特許を実用化するための努力を怠らなかった。まずフランス国内で特許工法を積極的に売り込んだ。その結果、貯水槽の注文が相次いだ。

それまで、貯水槽は、フェニキアの時代から水で固まるモルタルを用いた無筋コンクリート工法によって建設されていた。ローマ人をはじめとする地中海民族にとって、貯水と水の保存はつねに死活問題である。農地の拡大、都市の誕生、工業の発展は水の需要を増大させた。地上の貯水槽は主として平煉瓦、あるいは屋根瓦とモルタルを結合してつくられた。それを、鉄筋コンクリートに置き換えることによって、より薄く、より少ないセメント量でひび割れのない貯水槽をつくることが可能になったのである。

庭師から建設業へ商売変えしたモニエは、一八八〇年、ベルギー王国ゲント市のある商会と特許実施権契約を結んだ。この商会は、一八八五年、アントワープの大産業博覧会にモニエの特許工法を出品した。それがヴァイスの目を釘付けにしたのである。

勢いに乗るモニエは、翌一八八一年、今度は鉄筋コンクリート床版の特許を取得した。しかし、その実用化は彼の手に負えるものではなかった。このことを示すエピソードがある。リヴィエラ地震の後、現地に乗り込んだモニエは、「この特許床版を用いると耐震家屋ができる」と宣伝し、実際にこの工法で家屋を建設させた。ところが、その後、都市計画の都合でこの家屋を解体したところ、床版、外壁、柱にはおよそ無意味なほど多量の鉄筋が使用されていた。鉄筋を直感に頼って入れていたのである。

ケーネンがライヒスタークの床版に鉄筋コンクリート工法を導入したとき、特許権者であるモニエも頻繁に工事現場を訪れた。温厚なケーネンが、「何も知らないモニエのやつ」と憤慨したことがあった。作業員が鉄筋を床版の下側に配置していたとき、モニエが、「鉄筋は床版の真ん中に入れるべきだ」と主張したのである。ケーネンは、モニエが自分自身の発明を正しく理解していると信じていた。ところが、モニエは床版の鉄筋もそれまで数多く手がけてきた貯水槽やサイロと同じように入れればよいと思っていた。彼の無知が露呈された。床板に力がかかると、その断面には複雑な応力が生じる。床版の設計には材料力学と構造力学の知識が必要であった。

絵に描いた餅に終わりかねないモニエの一連の特許を実用化にまでこぎつけたのは祖国フランスの技術者ではなく、七年戦争から普仏戦争にいたる一一〇年間抗争をくり返してきた宿敵ドイツの土木技術者ヴァイスとケーネンであった。母国フランスにおけるモニエの評価は決して芳しいものではなかった。モニエの発明の優先度や内容に対する評価は低かった。フランスでは、コンクリートの分野で華々しい業績を挙げた知名度の高い人物がすでにいたので、モニエは二番手か三番手にランクされていた。モニエの真の功績は、特許使用権を駆使してライン河の彼方のドイツとその近隣諸国に鉄筋コンクリートを普及させたことである。

モニエの死から五〇年余の一九五〇年、パリで鉄筋コンクリートの百年祭が開催された。フランス土木学校のカコー教授は祝辞の中で、いささか誇らしげに、「フランスではモニエの発明による影響は取るに足らないものだが、ドイツではモニエ特許の実施権者が建設の全分野で活発な仕事を展開した。そしてモニエ工法の名称はライン河の向こう側では鉄筋コンクリート構造と同じ意味になっている」と述べた。これに対してドイツの建設業界の代表者は、「たとえその発明が他の場所で行われたにせよ、鉄筋コンクリートの誕生と離陸は、ドイツの先駆者であるヴァイスやケーネン、さらには彼らのモニエとの密接な共同作業の結果ではないか」と当てこすった。カコー教授の祝辞には、モニエの発明の果実を隣国ドイツに奪われたばかりでなく、近代化の前提となる社会資本の充実に遅れをとった悔しさがにじみ出ていると見るのはうがちすぎだろうか。

3 「アメリカの世紀」をささえた巨大公共事業

二〇世紀科学の勝利　太陽と石油はふんだんにあるが水資源の乏しい地域がある。アメリカの経済大州カリフォルニアの中核、南カリフォルニアである。年間降水量はわずか一六〇ミリ程度で、五月から一〇月まではほとんど雨が降らない。それにもかかわらず、ここは野菜、柑橘類などの果樹、綿花、麦類などの生産高において、アメリカでも一、二を争う農業地域なのである。司馬遼太郎は、この辺の事情を『アメリカ素描』のなかで次のように記している。

「私が、ロサンゼルス空港から市街の中心地にゆく途中、最初に驚いたことの一つは、想像よりも緑が多いことだった。道路ぎわには並木がはるかに続いているし、道路の両側のコンクリート土留めは、どこまで行ってもツタでおおわれている。「雨が降らないのに、どうしてあれらが生えているんです」と、車にのせてくれているマーガレット・鳴海に聞いてみた。「スプリンクラーですよ」。よくみると、ところどころに、地表から十センチばかり、土壌色に塗られたパイプが出ている。間歇的に、下からシャワーを噴き上げ四方をうるおしているのである。「その水はどこからひいているんです」「遠くの川や湖から」と、マーガレットは気の無さそうにいう。「そういう装置がとまればどうなるのでしょう」「砂漠になります」とマーガレットは、およそ知的とはいえないこういう会話に血圧まで下がっている様子であった。」

南カリフォルニアの開発は、一八八〇年代、ロサンゼルスからニューオーリンズまでの大陸横断鉄道の開通を契機として始まった。開発の初期には河川の水や掘り抜き井戸による灌漑が行われたが、やがて人口増加と地下水位の低下から、この方法では水を賄えなくなった。そこでロサンゼルス市は、二〇世紀の初頭から、シエラネバダ山脈の東側を南北に流れるオウェンズ川から取水を開始したが、こんどは四〇〇キロ上流のオウェンズ湖が干上がった。そこで一九三〇年、コロラド川に水源を求めることになった。

アメリカ政府は国家事業ともいうべき西部開拓を担うべく、一九〇二年に内務省開拓庁を創設した。開拓庁は膨大な資金と技術力を動員して西部諸州の乾燥地域に次々とダムを建設し、不毛の地を緑の沃野に変えていった。第一次大戦終了後の一九一八年、開拓庁のデーヴィス総裁は州選出の連邦議員の後押しを受けて、コロラド川に大きい貯水ダムを建設する運動を始めた。この運動が大きく前進したのは、南カリフォルニア首都圏水利用区域が設定され、水と電力の供給というダムの利用計画が議会の支持を得るプロジェクトにまで発展してからであった。一九二八年、時のクールリッジ大統領はボールダー渓谷開発計画法に署名し、一億六五〇〇万ドルがコロラド川の総合開発に投じられることになった。この開発の主役を演じたのが、一九三五年に完成したフーバーダムである。

フーバーダムは、完成したとき、「世界四不思議の一つ」として全世界から注目を集めた。ダムのスケールは、その高さと貯水量で決まる。高さは二二一メートル、それまでの記録を一挙に八五メートルも更新した。さらに総貯水量三六七億トンは、現在の日本全体のダム総貯水量二〇四億トンをはるかに上回る途轍もないものである。

フーバーダムは重力ダムである。重力ダムは、その自重によって水圧に抵抗する形式のダムであるから、重量が大きくかつ安定であることが必要である。重力ダムは横断面はほぼ三角形、高さが高くなるほど堤体下部の体積は大きくなる。重力ダムをつくるということは、巨大なコンクリート塊をつくるということである。

重力ダムをつくるときの最重要課題は熱発生によるひび割れの防止である。コンクリートはセメントと水との化学反応によって固まるが、その際に発生する水和熱によって内部温度が上昇する。コンクリートの体積が大き

上流から見たフーバーダムの洪水吐き．
出典）U. S. Dept. of the Interior, Bureau of Reclamation : *Dams and Control Works*, U. S. Government Printing Office, 1938.

くなるほど熱は蓄積されやすくなり、内部温度が摂氏八〇度に達することもある。冷却時に生じる内外の温度差は堤体にひび割れを生じさせる。大きい水圧を受ける堤体下部のひび割れは漏水の原因になるだけでなく、ダムの安全性に重大な影響を及ぼす。

その対応策として誰もが考えることは、時間をかけて熱を放散させながらコンクリートを施工する方法である。一九二〇年代までにつくられた高さが三〇メートル程度のダムでは、このような方法が採用されていた。しかし、フーバーダムのように高さが二〇〇メートルを超える巨大ダムでは、コンクリートの内部を大気温度にまで下げるには一〇〇年かかるといわれていた。

巨大ダム建設で工期は重要である。一日早く完成した場合の経済効果がきわめて大きいからである。フーバーダムに予定されていた工期は五年であった。建設計画が明らかにされて以来、全世界の土木技術者の目がフーバーダム建設の行方に注がれた。

ところが、ふたを開けてみると、フーバーダムは予定より一年早く完成した。なぜか。フーバーダムの建設にあたった開拓庁には、創設以来、全米で最高の工学部卒業生が集まっていた。砂漠を沃野に変える仕事が彼らの心をとらえたのである。優秀な技術陣によってブレークスルー的技術の開発が成し遂げられた。その一つがパイプクーリングと呼ばれる技術である。これは、一つの型枠にコンクリートを打ち込むごとに内部にパイプを通し、冷却水を供給することでコンクリートから強制的に熱を除去するものである。通水によるコンクリートの冷却は堤体下部で摂氏六度、堤頂付近で摂氏二二度に低下するまで行われた。このための冷却設備を冷蔵庫として使えば、一日に二三〇〇万人分のカクテルを冷やすことができるといわれた。もう一つのブレークスルーが、熱の発生源であるセメントの改質である。低発熱のセメントを開発したのである。こうしたブレークスルーの結果、昼夜兼行で大量のコンクリートを施工することが可能になった。

フーバーダムにおけるコンクリート施工．巨大なバケットでコンクリートを施工している．
出典）U. S. Dept. of the Interior Bureau of Reclamation: Boulder Canyon Project Final Report, PART IV-Design and Construction Bulletin 2 Boulder.

しかし、なぜ、これらの画期的な技術開発がアメリカで行われたのか。ここで私は、アメリカ人の「工夫の才」を指摘したいと思う。

アメリカ人と工夫の才

旧世界を後にした人々が新大陸に入ると、そこには厳しい自然が待ち受けていた。その自然の脅威を克服するには新しい道具が必要であった。そこで、アメリカでは工夫の才に富むことが求められた。アメリカで最後に残されたフロンティアである大平原(グレートプレーンズ)は、年間降雨量五〇〇ミリという乾燥気候である。樹木が少なく固い地表面の上に草原が広がっている。この大平原に入植し開墾するためには、その厳しい環境に適した農機具が必要であった。アメリカ人たちは乾燥に強い品種の農作物を導入し、固い地面を耕すのに新しく考案した鉄鋤を使用した。

その鋤の考案にかかわった二人の大統領がいる。初代のワシントンと第三代のジェファーソンである。ワシントンとジェファーソンが発明にかかわるようになったのは、アメリカ合衆国憲法と関係がある。一七八八年に公布されたアメリカ合衆国憲法第一条第八項第八節に、「議会は、著作者および発明者に対して一定期間、それぞれの著作および発明について排他的権利を保障することにより、科学および有用な技術の進歩の促進をはかる権限を有する」という条文が加わった。初代大統領に就任したワシントンはこの条文を受けて、翌一七九〇年一月に開催された第一回議会の年頭演説で特許法の早期制定の必要性を訴え、同年四月に「連邦特許法」が成立した。

第一六代大統領リンカーンは、一八四九年に歴代大統領のなかでただ一人、特許を取得している。ミシシッピー河で渡し舟業を営んでいた頃の体験をもとに申請した「浅瀬を自由に航行するための船の構造」である。一八六五年、彼は南北戦争後の工業化の柱として特許権の強化策を打ち出し、一九三〇年までつづいたアメリカの第一期プロパテント(特許重視)時代を到来させた。エジソンが大発明家になったのは、このような時代背景に負うといわれている。まず特許を取得して発明者の権利を確保するという行為は、いかにも発明の国アメリカらしい。

アメリカには天然セメント岩と呼ばれる岩石の鉱床が広く分布している。この岩石を焼成して得られるセメントは天然セメントと呼ばれ、一九世紀後半から二〇世紀初頭までアメリカで多用された。この天然セメントが偶然にもたらした重要な貢献がある。それは、コンクリートの品質を抜本的に改善した空気入りコンクリートを生み出す契機となったことである。

コンクリートに空気が入っているなどというと、なんともおかしな感じに聞こえるだろう。しかし、コンクリートを練り混ぜるとふつう体積にして一・五〜二パーセント程度の空気を巻き込む。これを避けることはできない。それどころか、現代のコンクリートの多くは体積で五〜六パーセントの気泡を含んでさえいる。差し引き三・五〜四パーセントの気泡は、人工的に導入されたものである。

コンクリートに気泡を入れる目的は二つある。一つは凍害の防止であり、もう一つは流動性の改善である。これらの機能は、コンクリート中に分散させた直径が一〇〜一〇〇ミクロン程度の球状の微小気泡によって与えられる。気泡の導入は、コンクリートを練り混ぜる際に水で薄めた少量の界面活性剤を添加することによって行われる。界面活性剤が物理的攪拌によって発泡する特性を利用するもので、石鹸を泡立てるのと同じ原理である。

コンクリートに気泡を入れて凍害を防止するという奇想天外な方策は一九三〇年代中期に開発された。当時、アメリカでは自動車交通が飛躍的に発展していた。それにともなってコンクリート道路の凍害がクローズアップされるようになった。コンクリートに含まれる水は、気温の低下によって氷結すると体積が約一〇パーセント増す。このために膨張圧が発生し、コンクリートの組織に緩みが生じる。これがくり返されるとコンクリートは表層部分から剝落しはじめるのである。とくに、スノーベルトと呼ばれる北部諸州での被害が深刻であった。

凍害を受けた路面．表層部分がはがれ落ち，骨材がむきだしになっている．

出典）U. S. Department of Transportation, Federal Highway Administration: *Distress Identification Manual for the Long-Term Pavement Performance Program*, 2003.

一九三四年、官民が一体となって調査・研究に乗り出した。その結果、ニューヨーク州道路局が施工したコンクリート舗装がほとんど凍害を受けていないことが判明した。そのセメントには焼塊の粉砕効率を高めるための助剤として脂肪類や油類が使用されていた。セメント中に混入されたこれらの粉砕助剤はアルカリによって水溶性になり、界面活性剤として作用した。自然発生的に導入された気泡がコンクリートの膨張圧を吸収したのである。これが契機となって、コンクリート用界面活性剤の開発が進められ、寒冷地におけるコンクリート道路は凍害を免れることになった。

コンクリートに気泡を入れる利点はもう一つある。流動性の改善である。コンクリートを練り混ぜる場合、セメントの粒子、砂、砕石などはすべて角張っているので、得られる流動性には限界がある。多数の微小気泡は弾力性に富んだボールベアリングとして機能し、コンクリートの流動性を劇的に改善する。この恩恵をとくに受けたのが、周辺の岩山から採取した砕石をコンクリート骨材として使用するダムであった。空気入りコンクリートにすれば、流動性を確保するためのセメント量を減じることができる。セメントの水和熱が問題になるダムでは凍害防止と相まって一石二鳥の効果が得られる。このようにして見ると、世界の巨大ダムの技術標準となったブレークスルー的な技術がアメリカで開発されたのは必然であったといえる。

フーバーダムとアメリカ人の工夫の才を知るエピソードがある。日本は、旧満州の松花江に豊満ダムをつくった。一九三七年に着工して終戦前年の一九四四年に完成した。高さ九一メートル、出力五六万キロワットのコンクリート重力式で、ほぼ同じころ建設された鴨緑江の水豊ダムとともに世界的規模の大ダムであった。このダムの工事事務所長を務めた空閑徳平(くがとくへい)が一九三七年にフーバーダムを訪れている。目的は豊満ダムの建設に必要な施工機械の調達であった。

四年前に訪れたときは基礎の掘削中であったフーバーダムが、わずか二年間で二四〇万立法メートルのコンクリートを打ち上げたという情報を入手した空閑は、予想を超えた急速な工事に疑念を抱いた。施工が乱暴だったのではないかと思ったのである。乱暴な施工であれば漏水でダムに水は溜まらない。ところが現地を訪れると、フーバーダムは満々と水を湛えていた。フーバーダムが立派にでき上がっていたことを見た空閑は、アメリカが短期間にこのような大工事をほぼ完璧に仕上げた秘密を滞米中に探ろうとした。

彼がまず注目したのは施工機械の優れた性能である。大自然を切り開いて巨大な建造物をつくる場合に施工機械の果たす役割はきわめて大きい。空閑はコンクリートを練るミキサについて日本の製品と質が大きくちがっていることに感嘆の声をあげている。

「日本のミキサだと、一流以下であったらちょっと仕事をすればドラムを取り替えなければならない。一流の会社のミキサでもドラムのスペアーがないと心配だ。ところがアメリカ製品はまったく異なる。」「アメリカでは何万坪或いはそれ以上のコンクリートを一台のものでやる。しかも昼夜二十四時間打通しで三十日間、それ程酷使したにも拘わらず、フーバーダムを施工した機械が現在はパーカーダムに行っている。其の使った後を私に買わないかというのである。私を侮辱したのでも何でもない。買わないかと言える程まだ立派なものなのだ。ミキサの如きも三度の務めもおろか、四度も五度も務めるかも知れない。そんなに立派なものである。」

アメリカ製品の品質が初めて評価されたのは一八五一年に開催されたロンドン博覧会であった。世界でも最初の国際博覧会でイギリスの威信を示すために企画された博覧会であったが、結果的にアメリカ製品の優れた性能を全世界に認めさせる博覧会になってしまった。

イギリス人のプライドを揺るがせたアメリカ製品には、農業用の刈り取り機、高性能の錠前、コルト連発銃が

フーバーダムの作業現場で使われた建設機械.
出典)U. S. Dept. of the Interior, Bureau of Reclamation: *Dams and Control Works*, U. S. Government Printing Office, 1938.

あった。とくにコルト連発銃に象徴される兵器の優れた性能と生産性はイギリスにおける兵器生産方法の後進性を浮き彫りにした。アメリカ的生産方式を調査するための工業調査団が、かつての植民地に派遣されることになった。調査団に参加していた著名な機械技師ホイットワースが特別の関心を示したのが、ニューイングランドのスプリングフィールド兵器廠における銃床の生産機械であった。「発射装置や銃身の生産工程には何もこれといって目新しいものは見あたらない。しかし、銃床を機械化生産するアメリカの方法、すなわち、特定の目的のために、特定の機械を工夫するアメリカ人の能力には驚くものがある」と彼は述べている。

フーバーダムで使用された自動計量装置、ミキサ、振動機、パワーショベルなどは、いずれもコンクリート施工の各段階における単一作業用施工機械である。日本製品を見慣れた空閑には驚きだったのであろうが、アメリカとしては頑丈にできているのは当然のことであった。

セルフメイドマンと科学的管理法

空閑は、さらに労働環境と労働者の仕事に取り組む姿勢にも注目した。「日本は一二時間労働であるのに、アメリカでは八時間労働で土日曜が休みである。人夫だとか主任だとか会社とかで差が全く無く「お互い自分の仕事さえやっていけば皆平等だ」と考えている。主任、技師長というトップ責任者でも事務所に引っ込んで書類を見たり報告を聞いたりするのではなく、陣頭に立って殆ど一日の大部分を現場に行って自分の思う通りを言い付ける。監督するといっても大きい声で怒鳴るようなことはしない。現場が整頓され、いたるところに芝生があって美しい。」彼らの働きぶりについては、「非常に無邪気で、また仕事をやりだしたら一生懸命にやっている。給料もアメリカ人は沢山貰っているが、日本人とはまるで比較にならないような熱心さと真面目さで仕事をしている」と述べている。

このようなアメリカ人の仕事ぶりのよってきたる由縁はいったい何であろうか。アメリカ人が理想とするタイプは独立自営のセルフメイドマンである。自らの努力によって土地を獲得し、額に汗して社会にその位置を得る、個性豊かで容易に妥協しない正直な人間、それがセルフメイドマンである。そのイメージは特権の否定と機会の平等主義を意味する。

セルフメイドマンの理念は、個性を尊重し各人の能力を引き出すことに重点を置くアメリカの小・中学校教育にも浸透している。アメリカの子供たちを集団で行動させせることは、スポーツでもないかぎり不可能に近いといわれる。アメリカ人は本来、何らかの目標を定めて競争させるとき、あるいは新しい記録を達成するよう努力させる場合にもっともよく働くが、規則を設けてがんじがらめにして働かせようとすると、すぐ嫌気がさして脱落するという。

フーバーダムの場合、世界初という目標の達成という点ではまさにアメリカ人好みのプロジェクトであった。しかし、実際にダムをつくるためには、このようなセルフメイドマンを組織し、それぞれの能力を引き出して目標達成のために努力させるような何らかの仕掛けが必要である。そして、この仕掛けはフーバーダム着工の約二〇年前に、開発されていた。科学的管理法である。

産業革命を契機として先進諸国では家内生産から工場生産への移行が起こった。生産性を上げるためには職人と親方という旧来の生産組織に代わる新しいタイプの生産管理方式と管理者が必要になった。なかでも、産業が急速に発展し、労働力不足、多民族性、激しい企業間の競争という問題をかかえていたアメリカにとって、その必要性は切実だった。このような社会情勢に応えて登場したのが、二〇世紀の初頭にアメリカの技術者フレデリック・テーラーによって開発された科学的管理法である。

旧来の生産組織は、一つの職種に限られた数人または十数人の職人がその職種の熟練者である親方のもとに集まってできた、比較的小さな技能集団であった。このような組織では、作業の進め方の管理は職人に任されている。換言すれば、作業管理が各職人の自己管理に委ねられていた。一方、親方の仕事は低コストで顧客の要求を満たすような技能集団の出力を監督するという意味での管理と職人の教育であった。

ところが大規模工場生産になると、製造機能が職種には関係なく、素材加工・部品加工・組立というように分業化されて組織化され、また各製造機能の内容も単位作業に分けられる。作業者はこのように細分化された単位作業に専念することになった。そうなると各製造機能自体には当然複数の職種が含まれるから、これを従来の職種別の親方のような管理者が管理することは不可能になる。新しい管理方式と管理者が求められることになった。

科学的管理法では作業に関する経験と勘を科学で置き換える。もっとも合理的で能率的な作業方法と作業条件を設定し、作業者を選択・訓練して計画どおり作業を実施する。作業の実施にあたっては、毎日の作業者の生産実績を評価し、標準以下であれば作業者とともにその原因を探求して矯正する。管理者が作業者とほとんど同量の職務と責任を分担する。従来は管理者がボスであったが、科学的管理法ではボスは科学的原則であって、管理者も作業者もともにこれに従わなければならない。

科学的管理法は生産工場を対象にしたものである。一方、巨大ダムは、多くの人員、大量の資材、各種の設備を駆使し、多様な作業工程を経て一つの人工物をつくり上げる。巨大な機械をつくるのと異なる点は製造の場だけである。フーバーダムの建設に科学的管理法が適用されたことを明記した資料は見あたらないが、さきに紹介した空閑などの見聞記は明らかに科学的管理法が適用されたことを示唆している。

鹿島建設の名誉会長石川六郎は、国鉄在籍当時の一九五四年、アメリカとカナダのダム、鉄道施設、超高層ビルなどの建設現場を見学した。フーバーダムを手がけた建設会社であるモリソン・クヌードセン社の社長の誘いによるものであった。石川はそのときの様子を次のように述べている。

「印象的だったのは、施工中に常に生産効率をデータで管理し、向上させようとするマネージメント手法だ。私たちを案内しながらも、現場所長が建設重機械の稼働時間をストップウォッチで測り、トランシーバーで「何故遅いんだ」などと連絡している。」

フーバーダムの建設現場でも同様な光景が展開されていたと思われる。

ひるがえって日本の場合はどうであろうか。日本に科学的管理法が紹介されたのはテーラーが『科学的管理法の原理』をアメリカで発表した一九一一年であった。反応は迅速であったといってよい。大正年代後半には、新潟鉄工、住友鋳鋼所、三菱電機、鉄道省工作局などが科学的管理法を導入した。日本の建設業では、一九三六年に石川六郎の岳父である鹿島建設の鹿島守之助が経営に科学的管理法を導入している。しかし、建設工事に科学的管理法が適用されたという例は今日まで聞いたことがない。そもそも、日本の建設業界には科学的管理法を推進する管理者の存在基盤がなかった。建設工事の発注方式と建設業の工事執行体制がアメリカとは根本的に異なるからである。この点については第5章で取り上げたい。

4　横浜築港とコンクリート亀裂事件

横浜を見守る水と港の恩人　幕末のころ、現在の横浜市を中心に流行した俗謡がある。「のげの山からノーエ〜」と唄われた野毛山節である。もともと横浜の野毛山で軍事調練を行った外国軍人の訓練の様子を、当時はやりだしたノーエ節で唄ったもので、その後、静岡県三島に野砲兵旅団が置かれ、三島の花柳界で唄われて定

横浜野毛山公園にたつパーマー(1838-1893)の胸像.

着した。ひとところ、宴たけなわに鳴り響いていた「富士の白雪ゃノーエ〜」のほうは後者のノーエ節である。現在、その野毛山はＪＲ京浜東北線桜木町駅近くの野毛山公園になっている。

その公園の一角に、端正で精悍な容貌の外国人の胸像がある。明治中期に進められた横浜の近代化に大きな足跡を残したイギリス人土木技術者ヘンリー・スペンサー・パーマーの像である。パーマーの来日の契機は明治初期から中期にかけて蔓延したコレラの流行であった。とくに、人口の増加による飲料水の不足がつづいた神戸や横浜などの開港場で大流行した。日本最大の外国人居留地をかかえた横浜では、居留民がイギリス駐日公使パークスを通じて上水道建設を働きかけた。陳情を受けたパークスは、折しも開催中の条約改正予備会で横浜における上水道敷設を提議した。イギリス外交団のリーダーを務めていたパークスは、条約改正にもっとも強硬に反対していた人物であった。不平等条約の改正は明治政府にとって最優先課題である。外務省はすぐさま神奈川県に上水道計画の立案を指示した。

神奈川県はパークスの斡旋により、当時、香港駐在のイギリス陸軍工兵隊中佐であったパーマーに上水道の計画立案を依頼した。イギリス陸軍工兵隊はロイヤル・エンジニアースと呼ばれ、優秀な土木技術者集団を擁して、大英帝国の植民地経営の尖兵としての役割を担っていた。パーマーはその一員として来日し、横浜上水道の計画から工事全般にわたって技術指導を行い、起工してから二年後の一八八七年に日本最初の近代的上水道を完成させた。

そして、その技量を買われ、一八八九年には幕末以来の貧弱な港を本格的な国際港につくりかえた横浜築港に関わっていく。ところが、まさにその一大事業が、誇り高きシヴィル・エンジニアである彼のプライドを深く傷つけることになる。

横浜市の山下公園近くに立つマリンタワーは、世界一高い灯台としてギネスブックにも紹介されている。その展望台からは横浜港を一望できる。真っ先に目に入るのは眼前の大桟橋に停泊している外航船であろう。しかし、この大桟橋を一〇〇年以上も前から波浪から守ってきた防波堤の存在に気づく人は少ない。山下埠頭の先に目を凝らすと、黒ずんだ防波堤が海面からわずかに姿を見せており、その端には小さな白灯台が見える。一八九六年に建設された東水堤である。現在姿を見せているのはその一部分に過ぎない。一九五六年に建設された山下埠頭に埋もれたからである。目をさらに左方に転じるともう一つの小さな赤灯台が見える。これが同じく明治に建設された北水堤の港口部分である。

これら防波堤のコンクリートの表層部分は一〇〇年にわたる波浪の作用でかなり摩耗している。しかし、港内の埠頭を守る防波堤としての機能を現在でも立派に果たしている。この防波堤の設計と工事監督にあたったのがパーマーであった。

明治政府は開国以来、列強諸国の経済力に追いつくために全力を注いだ。一八七〇年頃から殖産興業政策を進めて産業革命への道筋をつけていったが、それにともなって貿易港の整備が急務となった。当時、横浜港には毎年四〇〇隻近い外国船が入港し、その取扱高は海外貿易の約七〇パーセントを占めるようになっていた。しかし、その施設は海岸に東・西および新波止場と称する三つの物揚場があるだけで、航洋船は沖に停泊し、旅客や貨物は艀(はしけ)で運ぶという状態であった。

政府はこの横浜港を修築して本格的な国際港とする決意をかためた。築港計画は、神奈川県がパーマーに委嘱した案が採用された。パーマーの築港計画は、総延長三七〇〇メートルの北と東、二つの円弧状防波堤を築造して海面約五〇〇万平方メートルを囲み、西波止場の前面に現在の大桟橋の前身である鉄桟橋を架設するというものであった。

横浜港の北水堤．先端に立つのは赤灯台．

資本家たちの裏工作

防波堤をつくるには、総重量が約六トンにも及ぶ大型のコンクリートブロック一万二五〇〇個を必要とした。セメントの使用量は莫大で、その購入費が材料費の大半を占めた。セメントの品質の良否は工事の成否を左右する。そのため、銘柄の選択や購入方法は慎重をきわめた。当初、セメントはすべて外国品を使用する予定であった。築港当局は一八八九年五月、内外の輸入業者を集めて入札を行った結果、イギリスのある商会が同国製セメント二〇〇〇トンを供給することになり、一八九一年三月までに納入された。一八九一年度に購入予定のセメントは工事全体で一万五〇〇トンであった。

築港工事の監督を委嘱されたパーマーは、日本のセメント産業の勃興に注目していた。高価な外国品の購入を最小限に止めるために国産セメントの使用を検討した結果、品質と供給能力の両面で所定のレベルに達しているセメント工場のあることがわかった。パーマーは、この国産品を購入して工事を進めるよう築港当局に意見具申を行った。しかし、このことが後に問題を引き起こす火種となる。

公共工事に用いる資材を購入する場合には、競争入札を原則とすることが会計法に規定されている。特定の会社の資材を購入しようとする場合には、例外規定を適用して指名入札によらなければならない。会計法では例外として、ある企業しかもっていない物品の購入など、競争が不可能なときや、政府の機密保持が必要なときに関する規定一四項目を列挙していた。横浜築港用のセメントはこの例外規定に該当し、パーマーは指名入札とすることを望んだ。ところが、パーマーの意見で採用されたのは安価な国産品の使用という点だけで、その購入は原則どおり競争入札によることになった。指名入札という例外規定を適用すれば、議会で野党質問の標的になることは目に見えている。官僚の特性である「事なかれ主義」の道が選ばれたのである。

競争入札参加者の資格として問われたのは供給能力であった。工事を円滑に進行させることを優先させたのである。入札資格者は月産四〇〇トン以上の生産能力を有するものに限定された。入札には四社が参加し、書類審査の結果、三社は入札資格を有すると判定された。残る一社、大阪セメント会社の書類は公示要件を満たしていないとして却下された。

これに対し大阪セメントは、製造能力が他の工場にくらべて優れているという説明書を提出して工場の調査を申請した。築港当局はパーマーの意見により一旦はこれを退けたが、同社は再三にわたって調査を申請した。そこで当局はパーマーと局員を工場に派遣して調査した。その結果、一カ月の製造能力が二六七トンに過ぎないことが確認されたので再度、申請を退けた。しかし、それでも大阪セメントは怯まず、セメント製造の専門家による製造能力の鑑定結果によって諾否を決めるという対応に持ち込んだ。当局は、工科大学教授、農商務技師、陸軍技師の三名を同社に派遣して調査させた。三カ月後の調査報告は、一カ月五七一トンの製造能力を有するというものであった。この結果を受けて大阪セメントは入札に参加し、同社を含めた三社が落札して各三五〇〇トンの供給契約を締結した。一八九一年一一月のことであった。

どう見ても尋常でない大阪セメントの動きと当局の弱腰対応の陰には、世に明らかになれば疑獄事件に発展しかねない裏工作があった。

ここで当時の日本の社会情勢を振り返ってみよう。世界不況の真っ只中の一八八六年、銀本位制の採用とともに産業革命がスタートし、紡績、鉄道、鉱山などの企業が勃興した。工場の新設、各地の鉄道建設、要塞の築造などが相次いで行われ、セメントの需要が増加した。ところが当時の日本のセメント製造技術は未熟であった。石灰窯一基、蒸気汽缶一台、十数台の粉砕機などの設備と原料置場や乾燥場のための敷地があれば工場を立ち上げることができた。一獲千金をねらった資産家が次々とセメント工場を設立した。セメントは金儲けの手段であ

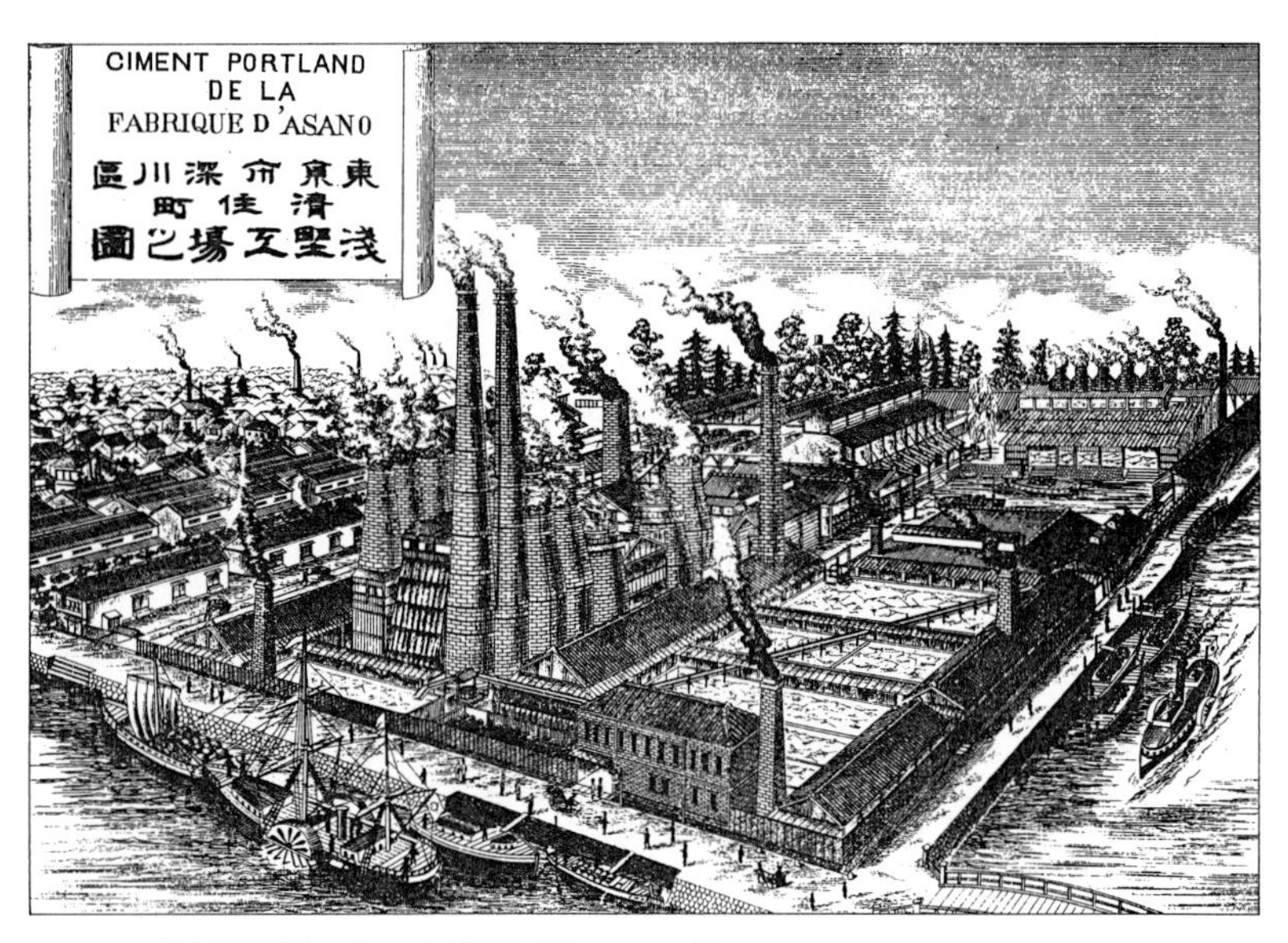

東京深川区にあった浅野工場．1890 年．

出典）日本セメント株式会社社史編纂委員会：百年史，日本セメント株式会社，1983.

ったから、好機をつかむためならば資本家は手段を選ばなかった。大阪セメントもその一つであった。話をもどそう。要するに、内務官僚や学者たちは、大阪セメントの袖の下に屈したのである。

ところが、セメント購入の手続きに手間取っている間にも工事は進行している。見る間にセメントの供給が追いつかなくなった。窮余の一策として鉄道庁が貯蔵していたセメントを借用して急場をしのぐこととなった。一方、大阪セメントは再三にわたって契約で指定された数量を期日までに供給できない事態に追い込まれた。自社の製品に代わって供給契約を結んでいない他社の製品を代納することを請願し、驚くべきことにそれが許可された。代納品の品質は粗悪で使用に耐えないものが過半を占めた。さらに、納期の遅滞が再三くり返され、工事に支障を来すにいたった。完納できたのは二カ月後であった。

一八九二年一〇月、第二回の国産セメント六〇〇〇トンの購入を契約することになったが、第一回購入の際のトラブルが問題になった。競争入札の不備が指摘され、パーマーの進言を入れて指名入札による購入が決まった。第二回の入札では浅野総一郎が落札した。案の定というべきか、この指名入札によるセメントの購入は、一八九二年度歳出入決算を審議していた一八九五年の帝国議会衆議院で問題になった。会計法の原則である競争入札に付さず、指名入札としたのは会計法二四条に違反するというのである。しかし、政府側は築港用のセメントは特殊な品質を要求されるため競争入札は行わなくともよいと説明し、例外規定が適用できることを主張した。議会は結局その主張を認め、この場は事なきを得た。

コンクリートブロック亀裂事件の衝撃

すったもんだの挙句、ようやくコンクリートブロックを海底に沈める作業を始めるようになって一年後、今度は当時の社会を震撼させる大事件が発生した。一八九二年一一月、北水堤基礎上に沈めたコンクリートに亀裂が発見されたのである。このとき、製造したブロック一万二五〇〇個のうち一万二〇〇〇個がすでに沈められていた。

一八九三年四月の調査の時点で、東北両水堤で亀裂を生じていたブロックは一〇三〇個余であったが、秋の調査では一七九六個に増えていた。亀裂は進行していたのである。工事は一年間にわたって中断され、国は亀裂を生じたブロックの処理と補充のため、追加予算の支出を余儀なくされた。

帝国議会では野党が原因究明と責任の所在をめぐって政府を追及した。すでに、セメントの購入をめぐる一連のトラブルは世間に知れ渡っていた。そのセメントでつくったコンクリートに亀裂が生じたとなれば、疑惑の目がセメントに向けられるのは当然の成り行きである。

一八九四年五月三〇日、明治二七年度追加予算案の審議を行った帝国議会衆議院第六回議会で、八人の議員が入れかわり立ちかわりコンクリートの亀裂問題を取り上げ、政府の責任を追及した。ある議員は、「築港の醜聞は天下に聞こえる」と責め立てた。そのなかで、野出鍹三郎議員は「我々は、原料となるセメントの購入について一大不正があるということを耳にしている。当局者は第一にこれらのことを調べなければならぬと思う。これらのことを調べずしてどうしてその原因が分かるか」と、政府委員の内務省土木局長古市公威(ふるいちきみたけ)を責め立てた。

野党の追及に対して古市は、亀裂の原因がセメントにあったことを突き止めることはできなかった。工事に使ったセメントが残っていなかったからだ。また亀裂が技術上の不備によって生じたかどうかもわからない。工事を監督したパーマーが死んだので日本人の監督に代わり、コンクリートブロックの製造方法を大幅に変更してからは何の問題も起こっていない、という趣旨の答弁をくり返した。その前年の一八九三年二月、パーマーは病気で急逝していた。

古市の答弁は野党を怒らせた。一八九六年三月の衆議院第九回議会で、提出者田中正造、賛成者松島廉作ほか四四名が横浜築港不正工事に対する責任を問う質問書を提出している。このなかで、「横浜築港不正事件は実に

古市公威(1854-1934).
写真提供)社団法人土木学会

工事担当上の失策に基づくものなり、故に其罪責は外国人某にあらずして他の工事担当者に帰せざるべからず、然るに第八議会における政府の答弁によれば、却って之を工事設計者たる外国人某に帰せんとするに似たり、今や某は死して在らず。死者に口なし。政府将に之を利として、斯の如き言を為すか、不二不理の最も甚だしきと言わざるべからず。されば工事の擔任者たる我が国の官吏中其罪責を帰すべきものなかるべからず」と、パーマーに責任を転嫁しようとする官僚の破廉恥さを難じている。

しかし、野党の追及もここまでが限界であった。政府は、責任が内務官僚首脳に及ぶことを首尾よく回避することができた。物証となるべきセメントが跡形もなく消え失せていたのである。そしてその裏には、セメント会社と築港当局による原因隠しがあった。亀裂の因果関係が明らかにされた場合、いずれも当事者として直接責任を問われる立場にあったからである。

証拠は消え失せていた

政府は一八九三年三月、農商務省、内務省、東京府の技師、工科大学教授など、五名の専門家を調査委員に選任して原因調査にあたらせた。ところが、同年一一月に内務大臣に提出された調査報告書には亀裂発生の原因としてもっとも疑われるセメントについて、「当局に試料を請求したが外国製品以外は使用し尽されていたのでその適否を検証できなかった」という理由から、調査対象より除外する旨記されていた。外国製品とは、一八九一年三月、国産セメントに先行して輸入した二〇〇〇トンのイギリス製セメントのことである。これより後に納入された約一万六〇〇〇トンの国産セメントのすべてが消費し尽くされたとは、にわかに信じがたい話である。

工事用のセメントは多少の余裕を見て倉庫に保管しておく。工事途中の材料倉庫には少なく見積もっても数トンのセメントは残されていたと考えるのが常識である。それがなぜ一樽たりとも残っていないのか。セメントが亀裂の原因であったと明らかになると、まず槍玉に上げられるのはセメント業界である。同時に、欠陥材料を使用したとして築港当局も責任を問われる。両者が共謀して証拠隠滅を謀ったとしか考えられない。

亀裂発生が明らかになったとき、もっとも衝撃を受けたのは工事用セメントを納入したセメント会社であった。とくに、セメント製造に多くの経験をもっていた浅野工場の製造技術者は、「恐れていた事態が発生した」と事態を深刻に受け止めた。水中に沈めた大量のコンクリート塊が製造後一年そこそこで亀裂を生じたとなれば、原因はセメントしか考えられなかったからである。

では、当時の日本のセメント工場ではどのような作業が行われていたのか。日本で初めてセメントの焼成に成功した宇都宮三郎によれば、当時は焼成・粉砕したセメントを乾燥室内の床上に数十センチ～一メートルの厚さに撒布し、数週間にわたって攪拌をくり返してから出荷していた。でき立てのセメントを工事現場に出荷すると水を加えた瞬間に固まってしまうからである。これを避ける手段が長期間の攪拌作業による急結現象の制御であった。

一九〇〇年、工部大学校第一回卒業生の石橋絢彦（いしばしあやひこ）が国産セメント九銘柄の硬化開始時間を測定した。これによると、もっとも短いものが五分、もっとも遅いものは四時間二五分であった。石橋の方法によって現在のセメントの硬化開始時間を測定すると、二～三時間の範囲に入る。現在は、セメント焼塊の粉砕の際に少量の石膏を添加することによって急結現象を防止している。当時はこのような手法が存在しなかった。

長期間にわたる攪拌作業を行ってからセメントを出荷するもう一つの目的は、石灰膨張の防止である。石灰膨張のメカニズムについては後で説明しよう。セメントを攪拌し、大気中の湿気と炭酸ガスの作用によって生石灰がセメント中に残らないようにしたのである。これに要する期間は、生石灰量の少ない場合には数週間程度であったが、多い場合には八カ月を要した。原料管理の技術が未熟であったため同じ工場でも生石灰量の変動は避けられず、これを把握する体制も整っていなかった。そこで、原料の品質変動に不安を抱えていたセメント会社では、できるかぎり長期にわたる攪拌作業を行ってトラブルの回避を図っていた。要するに、当時のセメントは爆弾を抱えていたのである。

原因は施工不良なのか

亀裂の原因のカギを握っていると思われたセメントがあとかたもなく消えていたことを知った調査委員会は当惑した。調査報告書は、この間の事情について次のように記している。

「コンクリート塊亀裂の原因を究明するに当たり先ず其の塊の製造に供用せる原料中ポルトランドセメントの品質適否を鑑査すること最も必要たるべきが故に去る明治二十四年三月以来総て築港局において使用せる内外国製セメントの品質を試験せんと欲し之が標本を得んとせしも該局には外国製品を除くの外、内国諸製造所より購入せるものは悉く皆使用し尽くして残余を存せざるが故に十分なる試験を実施するを得ざるは本員等の遺憾とする所なり。」

残る調査対象は施工方法に限定された。しかし、海中に静置したコンクリートにわずか一年という短期間で亀裂が生じたという現象を、施工方法から説明することは現代でも難しい。

一八九六年に臨時横浜築港局が編纂した『横浜築港誌』には、海中から引き上げた五個のコンクリートブロックに生じていた亀裂のスケッチが記載されている。これを見て目を引くのは、水平方向を直線状に走る筋である。その位置は、ブロック高さの約三分の一の箇所である。何とか施工に関する手がかりを見いだそうとしていた調査委員の目を引いたのも、まさにこの直線状の筋であった。

この部分は濃緑色を呈し、なかなか乾燥しなかった。内部を調べたところ、割石と多くの水を含む空隙があっ

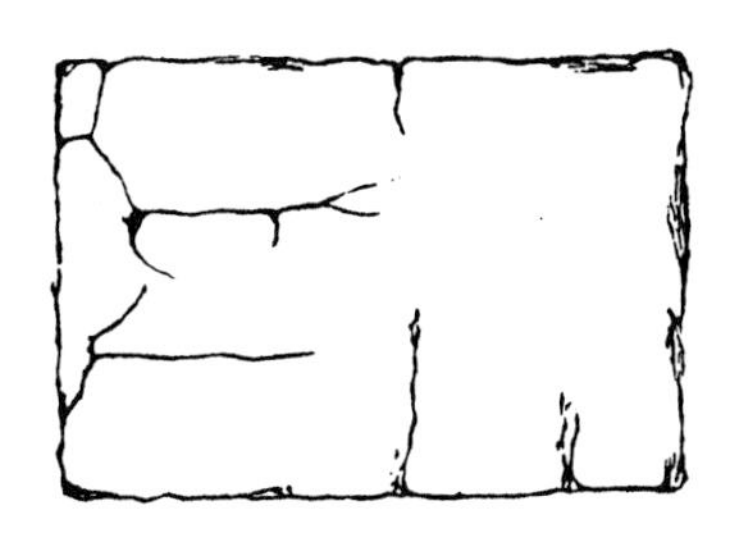

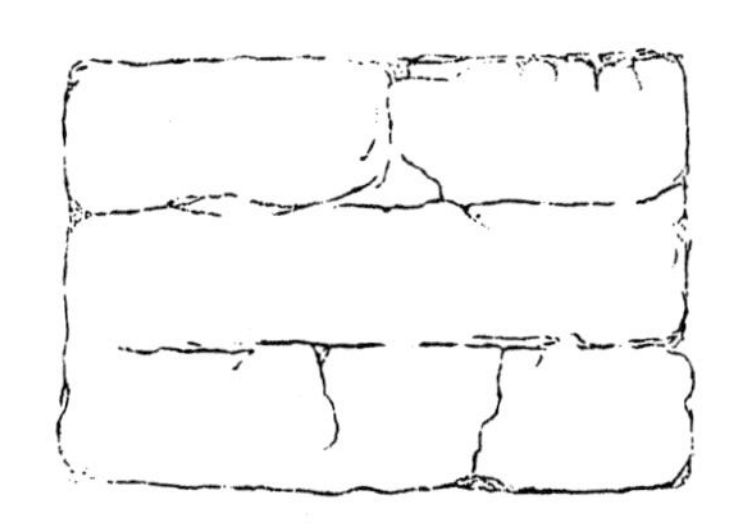

海中より引き揚げられたコンクリートブロックのスケッチ．上図は，大阪セメント製品を使用したブロック．不規則な線は，石灰膨張による亀裂．下図は，浅野セメント製品を使用したブロック．水平方向に走る２本の筋はコールドジョイント．
出典）臨時横浜築港局編纂：横浜築港誌，1896.

た。なぜここに多くの空隙を生じたのか。それは、当時のコンクリートブロックの製造方法と関係がある。型枠内にコンクリートを高さ三〇センチほど打ち込むと四人の労務者が型枠内に入り、それぞれが蛸木(たこぎ)という棒で突き固め、その上に粒径が六センチ～一〇センチの割石を並べる。これをくり返してブロックを成型する。この工法はローマ人が壁をつくったオプス・カイメンティキウム工法とほとんど同じであるが、一つだけ異なる点がある。ローマ人が流動性に富んだモルタルを打ち込んで砕石との一体化を図ったのに対して、横浜築港の場合には固練りのコンクリートを打ち込んで割石を並べるというサンドイッチ構造にした点である。この方法では、相当に入念な施工をしないと割石の部分に空隙が集中して構造的な弱点になる。

調査委員が施工記録を調べた結果、予定個数より三割も多いブロックを製造した時期があり、そのときに製造されたブロックでは亀裂の個数も多いことがわかった。施工がお粗末になり、割石付近に空隙の多い脆弱な部分が形成されたものと調査委員たちは考えた。

この部分は容易に二分することができる。破壊面に露出した骨材は、その表面が白色のチーズ状の物質で覆われていた。その主成分は水酸化マグネシウムであった。セメントの硬化反応にともなって水酸化カルシウムが生じるが、これが海水成分と反応すると不溶性の水酸化マグネシウムが残される。これは、亀裂を生じたコンクリートが海水の侵食を受けたという証拠である。調査報告書は空隙の存在が海水の侵入を容易にし、コンクリートが侵食されて脆弱化したことが亀裂の原因であるとした。

しかし、この結論には根本的な問題がある。たとえ海水が侵入したとしても、海水によるコンクリートの化学的侵食は急激には進行しない。海水中の侵食性成分の濃度が比較的低いからである。コンクリートの海水侵食については、すでに一九世紀頃からヨーロッパ諸国で数多くの調査研究が行われていた。いずれも侵食は長期間にわたって徐々に進行するとされており、海水に接してから一年足らずで侵食が生じたという報告はなかった。

手がかりを探していた調査委員会が注目したのは、一八八〇年、シューマンがドイツのセメント協会で講演した記録であった。そこには、「海水のセメントモルタルに対する破壊作用は硬化の初期においてのみ起こる」という知見が記されていた。調査委員会は早速、コンクリートブロックの施工記録を調べた。製造後二カ月を経過してから海中に沈下させるという規定が無視され、大半のブロックは製造後一カ月以内に沈下されていたことを突き止めた。そして、この結果をシューマンの知見と結び付けて、「十分に硬化していないコンクリートを海中に沈めたことが海水による早期の侵食を招いた」という結論を引き出したのである。

ところが、「コンクリートの亀裂の原因は施工不良にある」という結論をまとめたこの調査報告書が、帝国議会における野党の追及をかわす政府の隠れ蓑の役割を果たした。制約された状況下における調査であったから無理もない。しかし、この報告書は一見すると科学的なもののようだが、実のところそれは非科学的なものである。

ここで報告書の結論を根底から覆す二つの問題点を指摘しておこう。まず、調査委員会が調べた空隙の多い直線状の筋は亀裂ではなく、最初から存在した継目、すなわち、コールドジョイントであった。では、海中に沈めてから発生した本当の亀裂はどこにあったのか。図をもう一度見てみよう。直線状の筋以外の部分に不規則なパターンの線が見える。これこそが亀裂なのである。調査報告書では、このパターンの亀裂がなぜ発生したのか一切ふれていない。これは明らかに膨張性の亀裂である。

一〇五ページで少しふれたように、当時のセメントは原料の管理や焼成が不十分な状態で製造されていた。このために、セメント中には往々にして相当量の遊離石灰と呼ばれる生石灰が残った。これがセメントが固まるとともに水と反応して水酸化カルシウムの結晶になる。すると容積が約三〇パーセント増大する。コンクリートは局部的に膨張して亀裂が発生する。石灰膨張と呼ばれる現象である。セメントの製造技術が未熟であった一九世

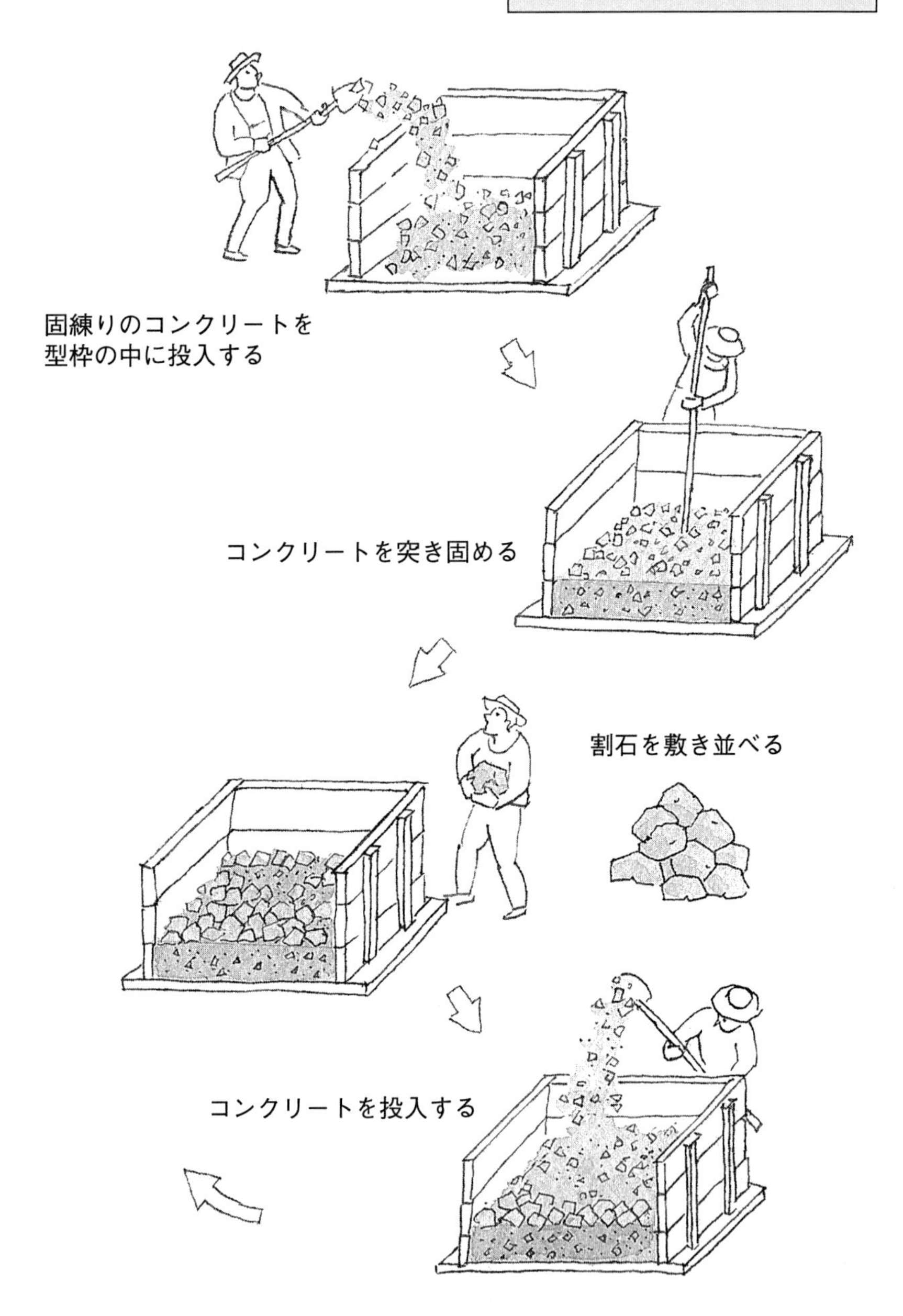
コンクリートブロックをつくる
固練りのコンクリートを
型枠の中に投入する
コンクリートを突き固める
割石を敷き並べる
コンクリートを投入する

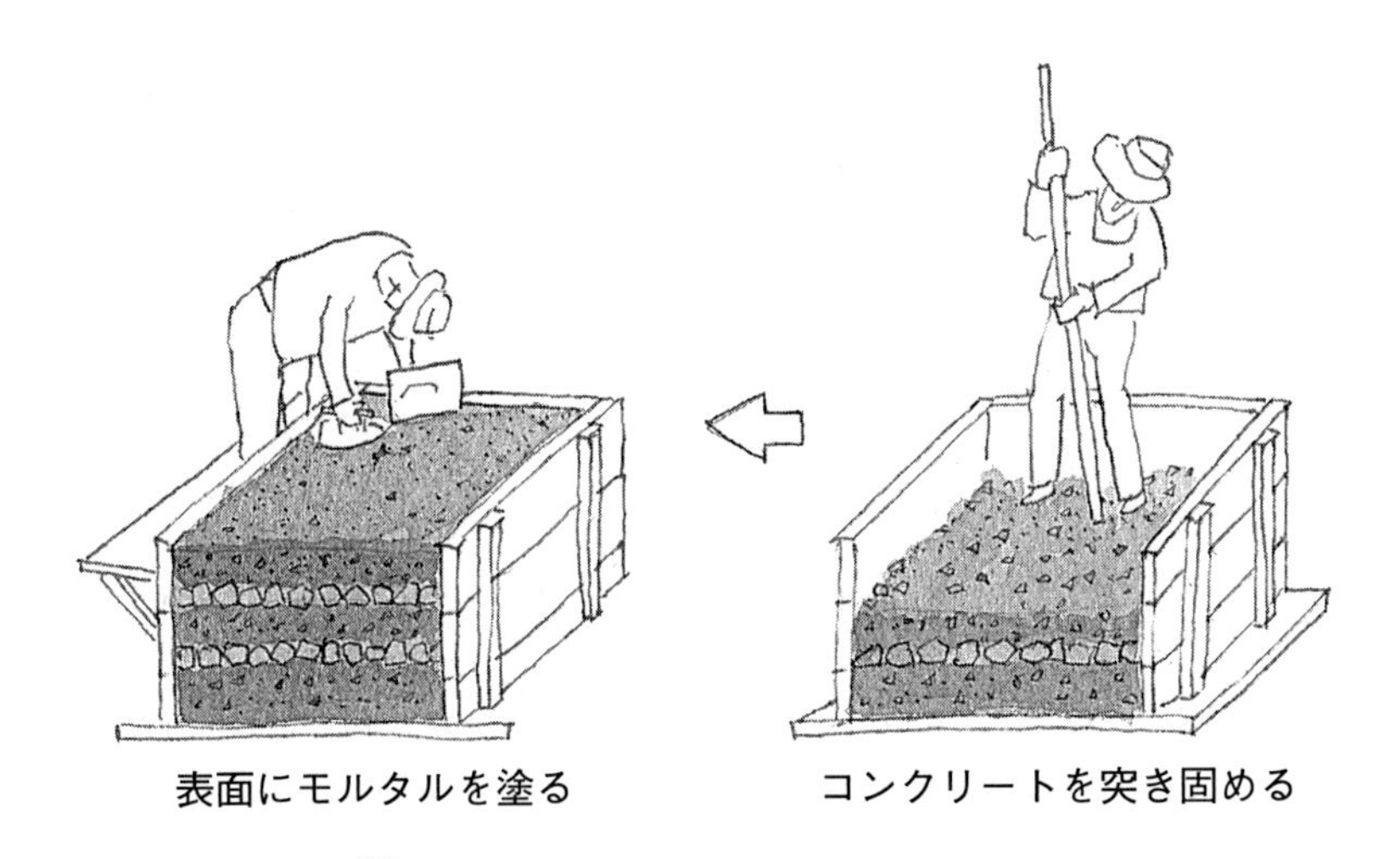
コンクリートを突き固める
表面にモルタルを塗る

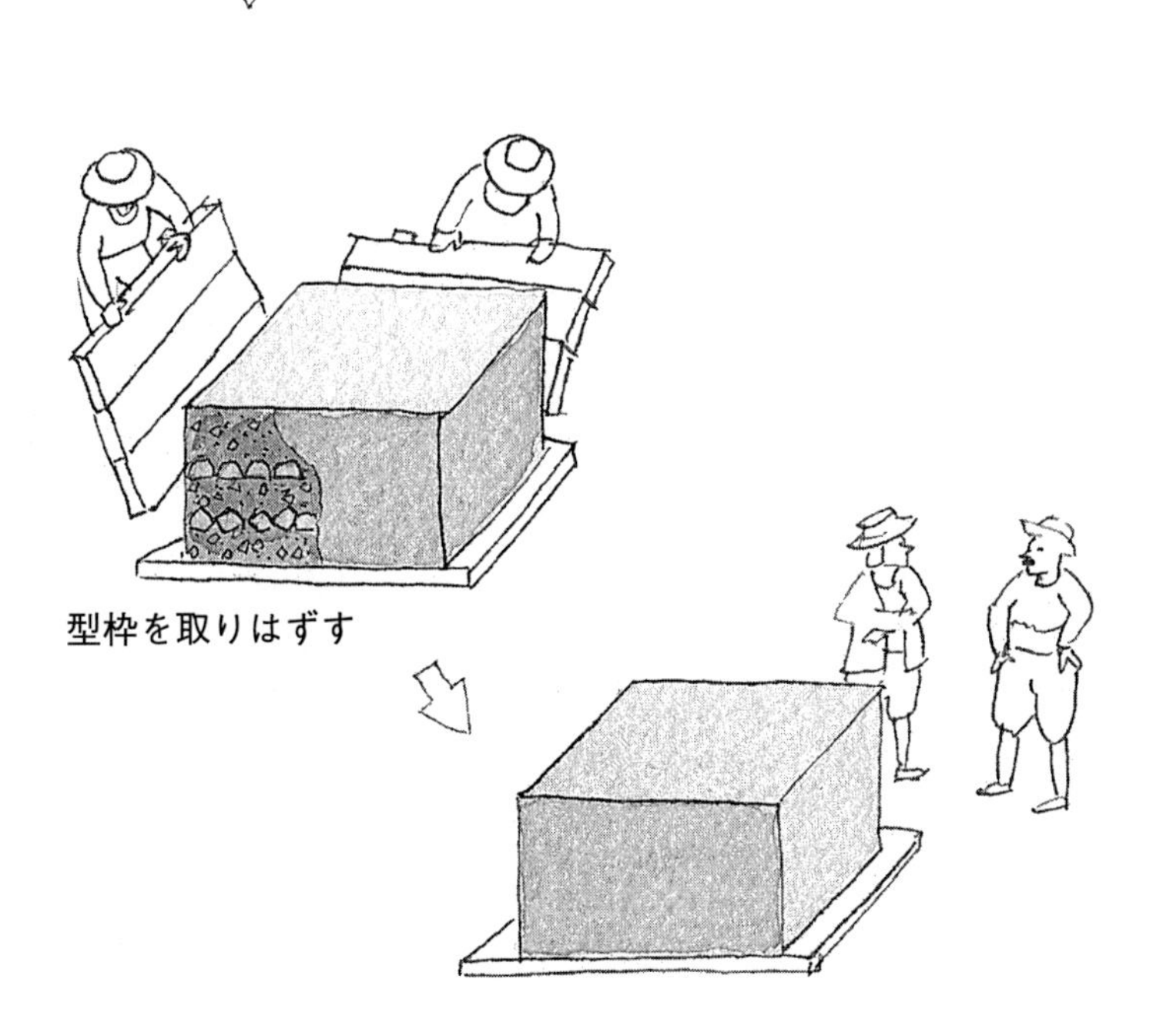
型枠を取りはずす

紀にはしばしば起こっていた劣化現象であった。

事件の原因は生石灰を多く含むセメントにあったことは明らかである。ならば、なぜそのようなセメントが供給されたのか。横浜築港工事の場合、セメントを期限までに納入しないと違約金を支払わなければならない取り決めになっていた。工場の製造能力に余裕がない大阪セメントでは絶えず期限に追われながら納入する羽目に追い込まれた。石灰膨張によってコンクリートに亀裂が発生するか否かは、コンクリートの周辺環境とセメント中の生石灰量によって決まる。焼成・粉砕したセメントは最低限、急結現象を避ける期間だけでも攪拌作業を行って出荷すれば現場でトラブルを起こすことはない。亀裂が発生したとしても、それはかなり先のことである。したがって、コンクリートに亀裂が発生しても、それが施工によるものなのか、セメントの品質に起因するものなのかを特定することは困難である。このケースは、セメントのこうした性質を逆手にとった、じつに巧みな犯罪的行為である。納期を優先し、石灰膨張を起こすようなセメントをあえて納入・使用したのである。

報告書の第二の問題点は、シューマンの誤った知見を引用して結論に結び付けたことである。シューマンの知見はセメント化学の基本原則に反するものである。セメントは水で固まる材料である。それは常識中の常識である。ということは、コンクリートは型枠を除去した後、なるべく早い時点で海水中に沈めた方が早く固まるということになる。専門家である調査委員たちがこの基本中の基本を忘れるとは考えにくい。したがって、報告書の結論にはなんら科学的根拠はない。

これはもはや科学的な風を装った欺瞞というほかないが、それにしても腑に落ちない。なぜこのような理解に苦しむ結論が導かれることになったのか。その謎に分け入っていくと、ひとりの暗躍者の影が見え隠れしてくる。シューマンの資料を調査委員会に提供した人物がいるのである。

業界の危機を救った策士　亀裂問題が発生したとき、いち早く現場に駆けつけたのは浅野工場の坂内冬蔵であった。引き上げられたコンクリートブロックの亀裂を見た坂内は、原因がセメントにあることを瞬時に察知した。彼の報告でセメント各社は容易ならざる事態が発生したことを知った。亀裂の原因がセメントの品質不良にあるとする調査報告書が提出された場合、賠償請求問題が発生するのみならず、国産セメント全体の信用が問われるからである。

自衛を思い立ったセメント業界は、証拠となる工事用セメントの処分隠滅に走った。しかし、それでは疑惑を払拭するには足りない。つづいて打ち出した自衛策の第二弾が、セメント会社の立場から亀裂の原因に関する論説を土木建築関係の学会誌に投稿することであった。

調査委員会の報告書に先んじて書かれた論説は、「横浜築港用コンクリート固塊亀裂の原因について」と題して、一八九三年発行の『建築雑誌』第七七号に掲載された。論説をまとめたのは、東京大学理学部化学科出身でヨーロッパ留学の経験もあるエリート技術者坂内であった。

論説の冒頭で坂内は、「目下端なくも社会の一大問題となり世人の耳目を驚かしたる横浜築港コンクリート固塊亀裂については既に業に内務省において調査委員を設け、頻りにその原因を探求中なれば博学多識なる委員諸君は不日必ず確実明晰な調査の結果を報告せられ以て世人の疑惑を一掃せらるべきは余輩の信じて疑わざる所なり」とまず調査委員を牽制している。

さらに、国産セメントは全部粗悪品で使用に堪えず、営業者も利益追求に走って名誉を重んじることを知らない連中ばかりで到底信用できないと識者は言っており、もしそうであるならば国家の公益を害し、社会の道徳を傷つけるものであるから、その事実を指摘して論難し、その罪を天下に暴露したらどうかと詰め寄る。その上で、こうつづける。

「然れども惜しむらくは世の論者斯道の智識に欠くる所あるか一も真個の原因に論及する者なく徒に憶測を以て事実を誤り妄評を加えて単に罪をセメントの粗悪に帰し或いは無根の事実を捏造して営業者の名誉を傷け以て我国セメント営業の発達を妨害せんとするに至りては余輩不敏と雖も亦た斯業を専門とする者豈に我国セメント業の為め一言其寃を訴えざるを得んや。」

素人が根拠もないのに騒ぐな。そんなことではセメント業界のためにならないと恫喝しているのである。ただし、これらの文章は、坂内にとっては単なる前置きにすぎない。坂内の真に意図するところは、つぎの一文に垣間見ることができる。

「今回亀裂の最も多きコンクリート固塊は何会社の納品なるやを記述せざるべし。何となれば余輩は亀裂の多寡は必ずしも品質の優劣に基づく者たるとは認めず他に一大原因ある者と思惟するが故なり。」

こう論じた後、坂内は独自の原因説を展開していくのである。調査報告書による原因究明を牽制し、その切っ先を制するためである。そして、事は坂内の目論見どおりになった。五カ月後に発表された調査報告書は、長時間を経なければ起こりえないコンクリートの海水による侵食がわずか一年足らずで起こり、しかもその原因が施工不良にあるとの結論を出した。調査報告書は、まるで坂内の説に導かれたかのように、同様の結論を下したのだった。

坂内がもっとも恐れていたのは、専門家の視線が不規則なパターンの膨張亀裂に注がれることであった。物証となるべきセメントが消え失せてしまった以上、調査委員会としては、亀裂の生じたコンクリートブロックをもとに原因を探るしかない。坂内は自らは見抜いていた真の事故原因(石灰膨張)から委員たちの目をそらす必要があると感じていた。

ちょうどそのころ、亀裂事故を受けて、内務省の研究機関ではコンクリートの耐海水性を改善するための長期試験が企画されていた。試験課題は、セメントの水和反応によって生じた水酸化カルシウムを各地の火山灰やケイソウ土などの可溶性粘土と結合・固定させることで、コンクリートの耐海水性を高めることだった。当局の関心が海水侵食に向けられていることを察知した坂内は、彼らがいかにも食らいつきそうな疑似餌をまく挙に出たのである。

幸いなことにコンクリートブロックには派手なコールドジョイントが形成されており、そのうえ海水侵食の証拠ともなる水酸化マグネシウムまで検出された。事故原因を海水侵食にすり替える道具立てがそろっていたのである。あとはそれに「科学的根拠」を添えるだけであった。

坂内は、さきの論説の中で、セメントがなぜ固まるかについて次のように説明している。

「セメントに水を加えると、セメント中の石灰は可溶性粘土と直接及び交換作用を惹起し、この化学的変化と相伴うて次第に硬固することは普く世人の熟知する所なるべし。」

まず、ここでの「セメント」という言葉の意味に注意してほしい。坂内の言う「セメント」とは、当時もっとも一般的に使われていたポルトランドセメントであって、ポルトランドセメントではないのである。

それはいったいどういうことか。問題は、「セメント中の石灰は可溶性粘土と直接及び交換作用を惹起し」というくだりにある。このような記述では、ポルトランドセメントがあたかも石灰と粘土で構成されるかのように受け取られる。ポルトランドセメントは石灰と粘土を高温で焼成してつくられる工業品である。石灰と粘土はあくまでも原料であって、構成成分ではない。坂内が言うように石灰と粘土で構成されるのがセメントであるというならば、それはもはやポルトランドセメントではない。厳しい製造基準に従って準備した石灰に、「可溶性粘土」すなわち火山灰ポッツォラーナを混合してつくられていた古代ローマのセメントである。

セメントの専門家であり、ヨーロッパ留学の経験もある坂内がなぜこのような奇妙な記述をするのか。何か思いちがいでもしたのか。そうではない。坂内はこの記述を確信犯的に書いたのである。ここにはトリックが仕込まれている。

問題の記述の直前箇所には、当時の一般的なポルトランドセメントの化学成分が表にして示されている。

珪酸・酸化鉄・礬土(ばんど)　可溶性：三四パーセント
石灰　　　　　　　　粘土　：六三パーセント
苦土・アルカリ　　　　　：　三パーセント

ここで、珪酸はシリカ SiO_2、礬土は酸化アルミニウム Al_2O_3、石灰は酸化カルシウム CaO、苦土は酸化マグネシウム MgO である。注目すべきは、一括表示されている「珪酸・酸化鉄・礬土」の三成分である。これらはいずれもセメント原料の粘土に由来する。ところが、何の変哲もないこの表に、坂内によるトリックの核心が隠されている。

現在はもちろん、当時でも、セメントの化学組成はアルカリのような微量成分にいたるまで、分析値は成分ごとに個々に記載されるべきものである。たとえば、亀裂事故の調査報告書では、イギリス製セメントの分析値がつぎのように記載されている。

珪酸　　　　：二二・四パーセント
第二酸化鉄　：二・八〇パーセント

礬土　：七・六五パーセント
石灰　：六〇・二〇パーセント
苦土　：〇・九二パーセント
加里　：〇・四三パーセント
曹達　：〇・八二パーセント

こうした本来とるべき記載表現を意図的に避け、化学成分比を石灰や粘土という原料別にまとめて記載することで、坂内はポルトランドセメントがまるで石灰と粘土との化合物であるかのように見せかけているのである。

さて、ここでもう一度確認しておこう。坂内がここまで手の込んだ策を弄したのは、事故原因を海水侵食に仕立て上げたかったからである。

コンクリートが海水で侵食を受けるかどうかは、セメントの硬化にともなって二次的に生成する水酸化カルシウムの量にかかっている。水酸化カルシウムは不可避的に発生する厄介者である。しかし、十分に焼成されたポルトランドセメントの場合、その発生量は限られている。練り混ぜてから一カ月を経過したコンクリートでも、水酸化カルシウムの発生量は使用したセメント重量の約四分に一程度にすぎない。十分に固まっていないコンクリートでは、そのまた半分程度の量しか存在しないはずである。したがって、コンクリートが短時間のうちに海水侵食を受けたと説明するためには、コンクリート中に通常の限度をはるかに超える量の水酸化カルシウムが存在していたことを示す必要がある。ところが、困ったことに、ポルトランドセメントを用いたコンクリートでは、そのような説明は不可能なのである。

では、坂内はどうしたか。コンクリートの海水侵食は、ローマの工匠たちも頭を痛めた問題であった。彼らはその問題を、石灰に可溶性粘土ポッツォラーナを混ぜることで解決した。これと同様な手法は、日本でも古来から海辺の石垣の目地材などに用いられていた。よく知られているのが長崎県の西彼杵(にしそのぎ)半島で広く使用されていた、三和土(たたき)である。可溶性粘土に石灰を混入し砂を加えたものである。内務省は当時、この手法に注目していた。ポルトランドセメントにあらかじめ一定量の可溶性粘土を混合して厄介者の水酸化カルシウムを固定し、コンクリートの耐海水性を高めようと考えたのである。

坂内はそこに付け込む隙があると見て、内務省の関心を逆手に取ることを思い立った。つまり、亀裂事故を起こしたコンクリートブロックに使用したセメントには、可溶性粘土では固定しきれないだけの水酸化カルシウムが含まれていたということにすれば、当局が食いつきそうな原因説を提供できる、と考えたのである。そのためには、ポルトランドセメントはポルトランドセメントであってはならない。ローマのセメントのような、「石灰」と「可溶性粘土」で構成されたものになってもらう必要がある。トリックの端緒はここにあった。

「石灰」は、化学式で書けば $Ca(OH)_2$、すなわち水酸化カルシウムである。ローマのセメントでは、その量がセメント重量の三分の二以上を占める。坂内のまさに求めていた、大量の水酸化カルシウムが含まれるセメントだったのである。

坂内の論説を読んだのはいずれも建築・土木関係者だった。それにもかかわらず、誰ひとりとして坂内のトリックに気づいた者はなかった。坂内は狡猾にもそうした学会関係者の無知(いまも変わらないが……)も見込んで、学会誌を自らの術策に利用した。そして、亀裂の原因をセメントの品質不良からコンクリートの施工不良へと転嫁したのである。

揺籃期にあったセメント業界の危機は、このような暗躍者の策動によって救われた。ところが、このような欺瞞的行為が八〇年後にも再現された。セメント業界の体質は、明治の昔から依然として変わっていなかった。高度成長期に大量の欠陥セメントを市場に供給し、山陽新幹線や阪神高速道路をはじめとする数多くのコンクリート構造物に「コンクリートのがん」と呼ばれるアルカリ骨材反応を発生させたのである。八〇年後のセメント業界は、この事件にどう対応したか。セメントのアルカリがコンクリート劣化の引き金となったにもかかわらず、またしても術策を弄して責任回避を図ったのである。明治の事件は教訓とされていなかった。

第3章　激動の時代のなかで

——総力戦とコンクリート

フランスほど要塞構築に力を注いだ国はない。国土を守り固めんとする熱情において、この国の右に出る者はないといってよいだろう。フランスは東部国境付近に数多くの要塞を構築し、しかもより堅固なものを配置してきた。それら要塞の正面には、つねに宿敵ドイツの姿があったからである。

仏独の抗争は遠く一二世紀の十字軍遠征にまでさかのぼる。互いに幾度も攻め込み、攻め込まれて今日にいたった。そうした長きにわたる抗争の歴史を象徴する町がある。ベルギー国境に近い、ムーズ川の畔にたたずむスダン(Sedan)である。ヨーロッパでスダンの名を知らない者はいない。人口わずか二万四〇〇〇人にすぎないこの町の名をヨーロッパ人の耳に刻み込んだのは、仏独が近代において戦った四度の戦争である。一八一四年のナポレオン戦争、一八七〇年の普仏戦争、一九一四年の第一次世界大戦、一九三九年の第二次世界大戦である。そのいずれの戦争においても、ドイツ軍は侵攻の突破口をスダンに求めた。

とくに第二次世界大戦では、一九四〇年五月のスダンでの攻防戦が緒戦の帰趨を決した。スダンを突破されたフランスは、戦車と急降下爆撃機を連携させたドイツ軍の新戦術「電撃戦」により、屈辱的な敗北と占領の憂き目にあった。フランスを席巻したドイツ装甲軍団の指揮官ハインツ・グデーリアンは、その回想録にこう記している。「私に不思議に思われてならないのは、フランスはなぜこのマジノ線に投じた巨費を、機動兵力の機械化とその増強に使わなかったのだろうか、ということである。」

フランスは来るべきドイツとの戦争に備え、高強度のコンクリートで固めた要塞によって迎え撃つ戦略を整えていた。その戦略の中核がマジノ線であった。マジノ線とは、スイスからルクセンブルクに及ぶ東北国境沿い約四〇〇キロにわたって配置された要塞群で、国境沿いに展開した警戒陣地、敵の侵攻を遅滞させるための前哨陣地、隠顕砲塔などの各種砲台を配置した主陣地、第二線陣地、兵站諸施設などが重層的に結ばれて防衛線をなしている。一九四〇年の開戦までに投じられた工事量は、次のように膨大なものであった。

コンクリート：二二〇万立方メートル
鉄鋼　　　　：二一万トン
排土　　　　：一二〇〇万立方メートル

まさに近代要塞の極みともいうべきもので、フランスのみが構築できる、またフランスでなくては築かない要塞であった。

フランスはこのマジノ線に拠ることで、かつて第一次大戦で勝利をつかむ転機となったヴェルダン防衛戦の再現を夢見ていた。ヴェルダンはフランス北東部ロレーヌ地方の要塞都市である。戦局が膠着状態になって久しい一九一六年、ドイツ軍はここを攻撃することによって一大消耗戦を強要し、フランス国内に厭戦機運を蔓延させようとねらった。ヴェルダン要塞に立て籠もるフランス軍に対して、ドイツ軍は自慢の四二センチ榴弾砲による集中砲火を浴びせた。フランス軍はこの四二センチ榴弾砲に為す術がなかった。重い砲弾の着弾下にあった要塞守備隊の精神的動揺は、パリにある国防相の執務室にまで届いていた。

ところが、このヴェルダンの戦闘において、要塞の厚さ二・五メートルの鉄筋コンクリート壁がドイツ軍の砲火をものともしないことが判明したのである。この事実を知ったフランス陸軍最高会議は、即座に次の命令を発した。「戦場の拠点を鉄筋コンクリートで至急強化せよ。」当時、塹壕戦による膠着と消耗から、フランスは戦局の打開を図るべく野戦重視の戦略をとりつつあった。それが急遽、要塞戦重視に切り替えられた。

一九一六年の春から夏にかけて、ドイツ軍は昼夜兼行で一二万発もの砲弾を撃ち込んだ。ヴェルダンの戦闘は「吸血ポンプ」とまでいわれ、戦死者は両軍合わせて七〇万人にものぼった。フランス軍は将兵の莫大な犠牲もいとわず、コンクリートの助けを借りてこの地を守り抜いた。戦後、フランス軍工兵隊の将軍は次のような言葉を残している。「ヴェルダンは要塞戦の歴史を通じて最大の教訓であった。戦争に勝利をもたらすのはコンクリートか軍隊かと言えば、それは確かに軍隊であろう。しかし、コンクリートは勝利に寄与したのである。」

しかし、堅固なコンクリート要塞に拠るという持久戦術は、ドイツ軍による電撃戦の前ではもはや時代遅れのものであった。一九四〇年六月、ドイツ軍の攻撃を受けたマジノ線は次々に突破され、あえなく陥落していった。難攻不落であるはずのマジノ線がなぜ落ちたのか。ドイツ軍の侵攻は、ベルギー国境地帯に広がるアルデンヌの森を突破して始められた。ドイツ軍は堅固なマジノ線正面ではなく、ベルギーからの迂回路をとって背後を突いたのである。前年、ドイツはチェコ西部のズデーテン地方に進駐していた。その際、ドイツ軍はフランス式の堡塁を多数発見し、その構造を子細に調査した。その結果、フランス式の要塞は砲塔の背面がきわめて弱く、銃眼、空気ダクト、排気口などに弱点があるとわかった。また、スペイン内戦で試験済みの八八ミリ高射砲を使えば、背面からの射撃で防壁を貫徹できることも確認されていた。こうした検証をもとにドイツ軍は、装甲軍団によるマジノ線攻略の作戦を練り上げ、実行に移したのだった。マジノ線はドイツにとって恐るべき障害物であったが、それ以上にフランスの近代戦に対する理解においてそうであった、とある軍事評論家は述べている。

その後、フランスでは「マジノ線」という言葉が「無用の長物」の代名詞となった。フランスはなぜ、かくも莫大なコンクリート資材を投じてまで、そのような大要塞群を築いたのか。第一次大戦で失われた世代は、この時代に兵士となったであろう子供たちを残せなかった。戦力基盤の弱体化が、フランスに防衛戦略を選ばせたの

マジノ線の隠顕砲塔．ドイツ国境に近い田園地帯に残るシュナンプール要塞．
写真提供）朝日新聞社

である。その一方で、フランスはヒトラーの政治的術策にあざむかれたともいえる。ヒトラーはドイツの軍事力を過大に喧伝するところがあった。マジノ線の過剰とも思える防御態勢は、ヴェルサイユ体制の解体を旗印に台頭するナチス・ドイツへの恐怖心が生み出したものでもあった。

では敵方ドイツは、その間いったい何をしていたのか。ヒトラーはナチズムという独自の世界観にもとづいて、ドイツの解放と、ドイツによる支配を追い求めた。そのコンクリートによる表現が、国土を縦横に結ぶ高速自動車道路網アウトバーンである。フランスがマジノ線の構築に没頭していた一九三四～三八年の間に、ドイツでは総延長二七〇〇キロにものぼるアウトバーンが完成していた。

マジノ線とアウトバーン。コンクリートで形づくられたこの二つの巨大構造物は、ともに激動の時代における国家意志の象徴であった。しかし、その後の両者のたどった道はまったく対照的である。マジノ線は冷戦時代の一九六七年までは生き延びた。ところが、フランスの核配備とともに撤廃が決まり、その後は民間へ払い下げるという話まで持ち上がった。フランス国防省は「マジノ線はいかが?」と地元自治体を口説いて、軍近代化の資金の足しにと売りに出したという。宿泊施設、チーズ貯蔵庫、射撃訓練場など用途はさまざま。地元を最優先するが、だめなら競売にかけて日本人も大歓迎というまさに耳を疑う話である。

一方、アウトバーンはつねに先進的な設計思想をもって世界の道路技術をリードしてきた。今日のインターチェンジやジャンクション、休憩施設といった道路技術の計画や設計にいたるすべてがアウトバーンの所産である。アウトバーンは、敗戦前後の混乱を乗り越えてたゆむことなく建設された。いまでは総延長一万二〇〇〇キロを超えるネットワークを形成し、ドイツのみならずヨーロッパの社会経済活動をささえる基幹的なインフラストラクチャーとなっている。

1　帝国自動車国道

白い道、黒い道　日本のハイウェイは黒一色である。道路には一般に、高速道路と呼ばれる自動車専用道路と国道・県道などの一般道路がある。高速道の九九・五パーセント、一般道の約九五パーセントが黒、すなわち、アスファルト道路である。一方、欧米ではどうであろうか。白、すなわち、コンクリートで舗装された道路が主体である。たとえば、アメリカの代表的な自動車専用道路である州際道路の約六〇パーセントはコンクリート道路である。アメリカでは一九二五年末までに約四万キロのコンクリート道路が建設された。

ちょうどその頃からコンクリート道路をつくりはじめたのがドイツである。お手本はアメリカであった。しかし、一九一二年までの総延長は五六〇キロ程度にとどまっていた。ドイツは元来、領邦国家である。ワイマール共和国の時代、ドイツの道路は国道も地方道もすべて州や市町村によって管理されており、設計や維持管理もまちまちであった。それが一九三三年、ヒトラーが政権を握るや、道路の建設は一気に加速される。道路建設と管理のすべてを国家のもとに直接置き、道路総監にこれを管轄させて自動車道路網の建設に乗り出したからである。

その中核になったのがライヒスアウトバーン(帝国自動車国道)である。一九三四〜三八年の五年間に三五〇〇キロのコンクリート道路が完成したが、このうちの二七〇〇キロがライヒスアウトバーンであった。世界初の本格的自動車道路は各国関係者の注目の的になった。後にアメリカ大統領になったケネディも一九三七年にドイツを訪問し、アウトバーンを「世界で最高の道路」と称讃した。アメリカでは一九三〇年代に約六万五〇〇〇キロの道路建設を計画したが、これはドイツのライヒスアウトバーンを手本にしたものであった。

ドイツは、自動車専用道路においてアメリカの量を質で凌駕した。その原動力になった人物が「アウトバーンの父」と呼ばれるフリッツ・トットである。トットはカールスルーエ工科大学でアスファルト道路について研究し学位を得た道路専門家である。一九三三年六月、ヒトラーはそのトットを道路総監に任命した。強力な権限を与えられたトットは、ライヒスアウトバーンを含めた全ドイツの道路を急速に整備した。これらの道路のほとんどは白い道、すなわち、コンクリート舗装の道路であった。

黒い道にくわしいトットがなぜ、白い道を採用したのか。そのおもな理由は耐久性と建設費であった。黒い道は重交通に弱く、その寿命はたかだか七年程度である。また、路面が波状に変形するので絶えず補修しなければならない。一方、白い道はメンテナンスフリーで最低二〇年程度はもつ。要するに頑丈なのである。さらに、白い道は黒い道にくらべて工費が安い。

白、黒、いずれの道路も舗装全体積の大半を占めるのは骨材である。白い道のコンクリートにはすべて地方産の砂利・砂をほとんどそのままの状態で骨材に使用できる。これに対して、黒い道のアスファルトには粒度調整と加熱乾燥を行った骨材を使用する。高価な材料を、工事の進行にともなって移動する現場に運ぶことになるのでコストが高くなる。

もちろん、黒い道にもメリットはある。一つは、原材料さえ確保できれば急速施工が可能なことである。アスファルトは高温で流動化したものが常温に低下しただけで固まる。それに対して、コンクリートは固まるのに約一カ月を要する。日本が黒い道で埋め尽くされたおもな理由はここにある。日本で自動車道路の本格的な建設が始まったのは高度成長期であった。急速な社会資本の整備にはアスファルト道路が適していたのである。しかし、メリットはつねにデメリットと裏腹である。年々増大の一途をたどるメンテナンス費用は国家財政への重圧となってはね返る。それが現代の日本である。

アウトバーンのイデオローグ

ヒトラーが政権を獲得した一九三三年当時、ドイツは第一次世界大戦での敗戦と世界恐慌の余波で深刻な経済危機に陥っていた。ヒトラーが国民の支持を得られるか否かは、ひとえに景気の回復、とくに六〇〇万人にも及ぶ失業者の救済にかかっていた。

ナチ党内では、以前からアウトバーンの建設が失業対策に役立つと主張していた人物がいた。ミュンヘン一揆以来の党員であったトットである。自動車道路建設には膨大な量の土砂を処理する必要がある。トットは、機械力を人力に置き換えることによって、六〇万人の失業者を救済できると説いた。しかし、トットの主張に対する党内の雰囲気は冷ややかであった。その急先鋒が自動車道路は贅沢と浪費以外の何物でもないと反対していた党内の左派勢力であった。

ところが、ヒトラーは、アウトバーンの建設に積極的であった。政権獲得早々に、「失業問題を四年以内に克服する」と公約していたし、なによりもトットの持ち出したアウトバーンのもう一つの効用に惹かれた。それは、ナチズムの宣伝効果である。ヒトラーとしては自己宣伝に役立つ道具がぜひとも必要だった。ヒトラーは、ランツベルク要塞監獄に収監されていた一九二四年にアウトバーンという新しい交通体系の着想を得たと言っているが、それは嘘である。

トットは、ナチズムの近代的側面である「技術讃美」を目に見える形で内外に誇示できるだけでなく、肉体労働を「民族への奉仕」と格上げして労働者を懐柔する格好の場にもなると説いていた。「アウトバーンは、国民社会主義技術の理解するところでは芸術作品であり、ドイツ民族の文化業績という意味での文化空間である」と論じ、ヒトラーを後盾にアウトバーン建設の前に立ちはだかる反対派を押さえ込んだ。ナチ・イデオローグとしての本領を党内でも発揮したのである。
ヒトラーはトットに、アウトバーンの建設を早急に開始するよう命じた。もっとも迅速にしかも確実に結果を示すことができる路線としてフランクフルト―ダルムシュタット間が選ばれた。平坦な地形で橋梁などの構造物が少なく、建設に必要な土地の大部分が公有地だったからである。

一九三三年九月、ヒトラーはこの路線の第一期工事の鍬入れ式に臨んだ。ナチお抱えの写真家による一枚の宣伝写真は興味深いものがある。二重三重に取り囲んだナチの幹部たちが見守るなか、ヒトラーが鍬(ドイツでは鋤)の代わりにスコップを手にしている。ふつうの鍬入れ式では来賓が鍬を振り下ろす真似をする。しかし、ヒトラーは自らスコップを握って土工作業を行った。これを七〇〇人の労働者たちが周辺の高台から見守っていた。当時、確立されていた階級構造を逆転して、労働者たちを「来賓」として参加させたのである。

写真にはもう一人、ヒトラーの背後に寄り添うように恰幅のよい制服姿の人物が写っている。この鍬入れ式を演出したトットである。その後ろには宣伝相ゲッベルスの姿も見える。もともとナチ政権は労働者の待遇に特別の注意を払っていた。労働者は就業者の中でも多数を占めており、軍事目的達成のためにその協力は不可欠だったからである。労働集約型の道路建設を進めていたトットにとって、労働力の確保は最重要課題であった。華やかなセレモニーには裏があったのである。

アウトバーンの建設が始まった頃から失業者は減少の一途をたどった。ヒトラーが政権を握った一九三三年一月に六〇〇万人であった失業者は、三四年末には二六〇万人、三五年末には一七〇万人、一九三六年秋には一〇〇万人にまで減少した。アウトバーン建設に投入された労働力は一九三六年には一二万五〇〇〇人に達した。しかし、設計と管理に従事する職員、関連の下請け業者などを含めてもアウトバーン建設に参加したのは最大でも

アウトバーンの鍬入れ式．スコップを振るうヒトラーの左後方に立つ人物がフリッツ・トット(1891-1942)．その後ろには宣伝相ゲッベルスの姿もある．

出典)Reiner Stommer: *Reichesautobahn—Pyramiden des Dritten Reiches*, Jonas Verlag, 1982.

二五万人に過ぎなかった。トットが主張した六〇万人には及ばない。景気は回復し、ヒトラーの公約は守られたが、実際に寄与したのはアウトバーン建設を含む一連の雇用創出計画ではなく、それに隠れて進行していた再軍備政策による経済的テコ入れだった。軍事費の増加にともない、軍需産業は逆に深刻な労働力不足に陥った。

トットは、この動向に神経を尖らせた。白舗装は、コンクリート版と路盤から構成される。舗装の下、厚さ約一メートルの範囲が路床であって、道路の基礎地盤である。ほとんど手を加えない自然状態の地盤を路床にする場合と、土の入れ替えや盛土を行って人工的に築造する場合がある。自然状態の路床は日本の道路に多い。一方、アウトバーンの路床はおもに人工的方法で構築された。理由はドイツの中部から北部にかけての地盤構造にある。軟弱なのである。このような路床を必要とする道路建設は大変な量の土工作業をともなう。アウトバーンの場合、土工作業にともなう土の移動量は平均して一キロ当たり二〇万立方メートルにも及んだ。

巨大な芸術作品を目指したアウトバーンは、フランクフルトーダルムシュタット線を皮切りに、毎年一〇〇〇キロのペースで建設が進められた。しかし、この「芸術作品」の制作には、前近代的かつ非人間的な労働環境が関わっていた。スコップ作業を中心とする土工の仕事ほど単調で辛い肉体労働はない。これに加えて、道路建設では、家族から遠く離れた宿泊施設で長期間の単身生活を強いられる。まともな労働者の足は軍需産業に向いた。皮肉なことに、失業対策をセールスポイントにしたアウトバーン建設が労働者不足に直面することになった。

労働環境の整備が緊急課題となった。トットは、アウトバーン建設に従事していた労働者が七万人に達した一九三四年秋、彼らの宿泊施設を点検した。彼らは仮設宿舎や改築されたホール、民間の宿泊施設などに収容されていた。トットは、これらの施設が労働配置の迅速性に即した応急的なものにすぎないことに気がついた。労働者の受け入れ体制に問題がある。そのことを理解したトットは、宿泊施設の改善に関する上申書をヒトラーに提出した。

ヒトラーの対応は早かった。古い仮設宿舎は取り壊され、新しい宿泊施設の建設が始まった。宿泊施設の青写真はヒトラー自身が作成した。それは、「創造する人々のための安住の地」として、単純な構造、広々とした構成、快適な室内環境を基本とした、一棟あたり二〇〇人収容の近代的施設であった。清潔な保健衛生設備、洗濯およびシャワー室、近代的な炊事設備、きれいなベッド、明るい集会所、中庭の造園緑地などを備えた居住施設は、三三〇カ所に及ぶ全ドイツのアウトバーン建設現場に設置された。失業者は、ここで最低の賃金で国家の威信を高めるアウトバーン建設計画に動員された。ただし、この「安住の地」をあてがわれたのはアーリア人種だけである。

予定通り工事を進めるために、一万人もの労働者が不足する事態も起こった。四人までが強制動員され、一九三五年以降は、別の作業に従事していた国家勤労奉仕隊が動員された。土工工事に機械力が投入されたのは一九三七年になってからである。

アウトバーンの建設では、苛酷な労働を強いた前近代的な工事が行われる一方、コンクリート版の施工には最新の機械と熟練労働者が投入された。コンクリート工事全般を通じて高度の施工技術を必要とするのが道路舗装とダムである。道路の場合、表面からの急速な水の蒸発によるひび割れの発生や、風雨、降雪、凍結などの気象作用による影響を最小限にするため、施工の迅速性が要求される。供用後も、コンクリート舗装版ほど苛酷な条件に曝されるコンクリート部材はない。温度変化と乾湿のくり返し、さらには常時走行荷重とタイヤによる摩耗を受けるため、より高い耐久性が求められる。そこで、鉄筋コンクリート用の一・五倍もの強度のコンクリートが用いられる。

ここに、安い労働力で浮かせた工費をコンクリート施工につぎ込んだ道路技術者トットの冷徹な計算を読み取ることができる。しかも、アウトバーンには大小さまざまな橋梁が数多くある。いずれも芸術作品としてのアウトバーンを構成する重要な要素としてトットが力を注いだ構造物である。その工事にトットは、技能職人と熟練労働者を配置していた。

征服と支配の道

アウトバーンの建設は、往々にしてヒトラーによる電撃戦の準備行為として受け止められている。しかし、そのような見方は必ずしも当を得ていない。たしかに、ドイツではアウトバーンを「戦車道路(Panzerrollbahn)」と呼んだ時期があった。アウトバーンの上を長々と連なる戦車隊が進撃する様はいかにも迫力があり、その軍事的価値を国民に宣伝するためのポスターも作成された。ところが、ドイツ国防軍の戦車がアウトバーンを走ったことは実際にはほとんどなかった。演習の結果、アウトバーンの戦車走行は軍事的に意味がないと確認されたからである。

アウトバーンは起伏に富んでいる。戦車のキャタピラは平滑なコンクリート面の勾配が苦手で、無理に走行すればコンクリート舗装を打ち砕いてしまう。一両でも走行不能になれば路上の厄介な障害物になり、部隊の移動に支障をきたす。自動車の交通も妨げられる。一九四一年の独ソ開戦時における主力戦車の最大時速は四〇キロであった。時速八〇キロ超の高速走行ができなければ、アウトバーンを走る意味はない。ドイツ国防軍は一般国道の整備を優先するようトットに要望を出していた。もとより、アウトバーンをドイツ文化の技術的成果と位置づけていたトットが、戦車走行など許すはずもなかった。アウトバーンは軍用道路というよりはむしろ、ナチスの宣伝政策の一環として建設された道路であった。

では、その建設を強く推し進めたヒトラーはアウトバーンをどう見ていたか。彼にとって、アウトバーンは単なる宣伝の具に過ぎなかったのか。独ソ戦のさなか、東プロイセンのラステンブルクに設置された総統大本営「狼の巣」での、彼の発言が記録されている。

「あらゆる文明は道路の建設に始まる。ゲルマン時代の最初の二世紀、ローマ人はゲルマニアの森林を切り開き、沼沢地を埋め立てて道路を建設した。この例にならい、我々のロシアでの最初の仕事も道路の建設になるだろう。道路よりも鉄道が先だというのは順序が逆だ。私の試算では、軍用道路だけでも最低一二〇〇ないし一五〇〇キロは必要だ。自由に使える道路が完備していなくては、広大なロシアの土地を完全に占領することも支配し続けることも不可能だ。」

「戦略的に必要とされる道路はすべて専制君主がつくったものだ。ローマもプロイセンもフランスもそうだ。これらの道路は真っすぐ国土を突っきる。しかし、一般の道路はくねくねと曲がり時間のむだだ。一五〇万人のドイツ系住民を東部地域に移住させた場合には、そこに一五〇〇キロのアウトバーンをつくろう。それに沿って五〇ないし一〇〇キロごとにドイツ人都市を建設するのだ。」

自身をローマ皇帝になぞらえるかのような発言からうかがえるのは、アウトバーンをドイツによる支配体制と不可分のものとみなす視点である。著書『わが闘争』のなかでいちはやく、ロシアをはじめとする東欧地域への領土拡張を主張していたヒトラーは、ポーランドへの侵攻を開始した一九三九年、その宿願ともいえる大ゲルマン帝国建設を実現するべく、親衛隊指導者ハインリッヒ・ヒムラーを長官とする「ドイツ民族強化国家委員会（RKF）」を組織した。RKFは、その一年後、都市計画、農業政策などの専門家グループによる研究をもとに、「東部総合計画」と呼ばれるプランを作成する。のちのユダヤ人絶滅政策、いわゆる「最終的解決」とも関連するこの東部総合計画は、ヨーロッパに広大な版図を占めるアーリア人種の一大帝国を構想するものだった。

コンクリートという本書の関心事から注目されるのは、この計画にもとづくナチスの交通網構想である。そこ

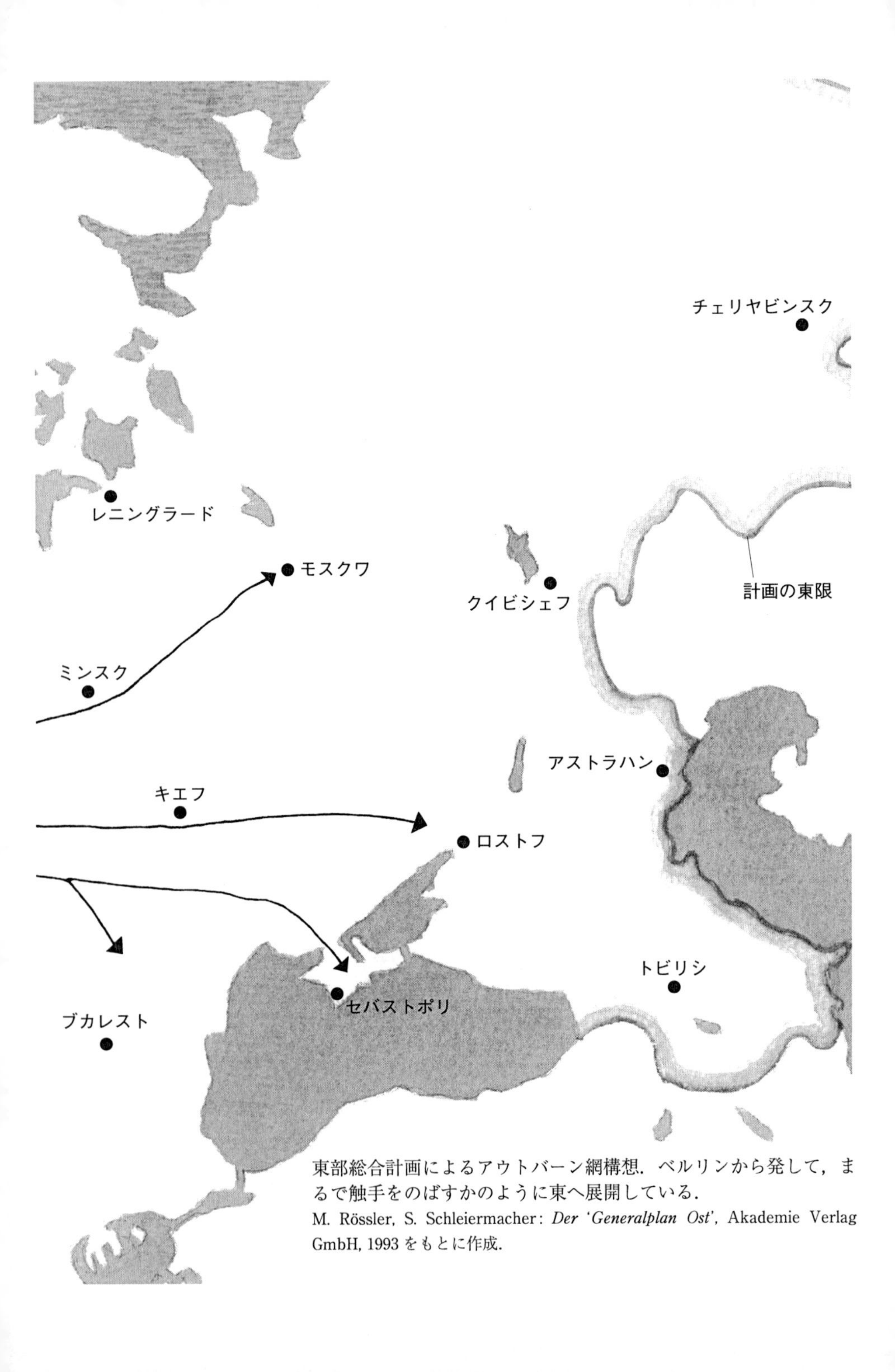

東部総合計画によるアウトバーン網構想．ベルリンから発して，まるで触手をのばすかのように東へ展開している．

M. Rössler, S. Schleiermacher: *Der 'Generalplan Ost'*, Akademie Verlag GmbH, 1993 をもとに作成．

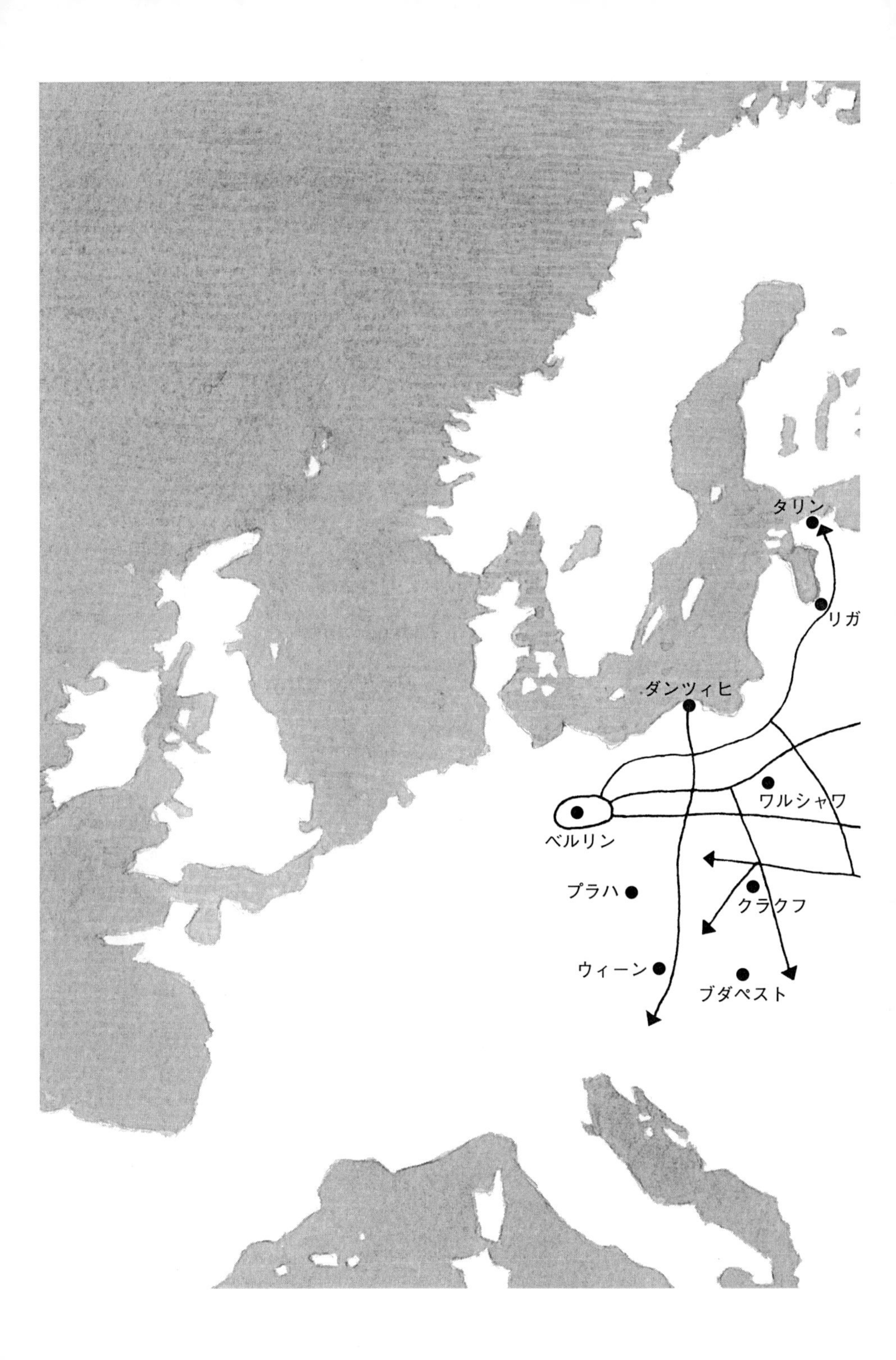
タリン
リガ
ダンツィヒ
ワルシャワ
ベルリン
プラハ
クラクフ
ウィーン
ブダペスト

には、ベルリンを起点として東欧に向かう、四本の長大なアウトバーンが見てとられる。ミンスクを経てモスクワに達する路線を中央に、ダンツィヒからリガを経由してエストニアの首都タリンへと向かう路線、ワルシャワの南方をぬけて大穀倉地帯コーカサスにつながる路線、ポーランド南部のクラクフからクリミア半島に達する路線が、まるで触手をのばすかのように東に展開している。言うまでもなく、これらのアウトバーンはすべてコンクリートで建設されるはずのものであった。

ヒトラーは、アウトバーンについて次のような言葉も残している。

「アジアの草原地帯という性質を取り除き、ヨーロッパ化しよう。このために道路の建設に着手しており、やがては最南の地クリミアやカフカス山脈にまで達する予定である。こうした道路に沿ってドイツ人の町が点在し、入植者は町の周りに住むのだ。……私があと一〇歳若かったらなあ、トット、君の計画を拡張しなければならないね。必要な労働力は手に入るようにしてやろう。」

しかし、戦局の悪化はヒトラーにそれを許さなかった。金がかかるアウトバーンの建設は一九四二年に中断され、もっとも東方に伸びた路線はドイツ国内のブレスラウ止まりとなった。労働力は一般道路の建設に振り向けられたが、それも遅々として進まなかった。軟弱路盤の強化に手間取ったのである。

ドイツ人が大挙してアウトバーンを東方へ向かうというヒトラーの野望は夢物語に終わった。アウトバーンを東進したのは、敗走するドイツ軍を追って一路ベルリンへと向かったアメリカ軍の戦車であった。自国の戦車が走ることを一度たりとも許さなかったトットは、そのときすでにこの世になかった。

アーキテクトとしての顔

一九四二年二月、トットはラステンブルクで起こった飛行機事故により死亡した。連合国との闘いが総力戦の様相を呈しはじめ、軍需生産の再編強化が焦眉の課題となっていたときの出来事

ドイツ兵捕虜とすれ違うアウトバーンを進撃中の米軍戦車.
出典)アール・F・ジームキー『ベルリンの戦い——総統ヒトラー廃墟に死す』サンケイ新聞出版局, 1972.

であった。

軍需相としてドイツの戦争遂行を牽引する中核的存在となっていたトットの死は、ヒトラーにとって大きな打撃であった。ヒトラーの彼に対する思い入れは絶大で、国葬の際には国旗の掲揚が布告された。トットの死について、ヒトラーはこう述べたと伝えられている。

「人民は支配されるのを喜ぶ。そのために偉大な指導者の死が惜しまれるのだ。トットの死がそうだ。全国民が彼の死を悲しんでいる。人民は最高の人間を指導者と仰ぎたいと思っているのだ。」

ヒトラーがこれほどまでに信頼を寄せたトットとは、どのような人物であったのか。トットは、一八九一年、ドイツ南西部バーデン州の裕福な家庭に生まれ、出身地のギムナジウムを卒業後、ミュンヘン工科大学に学んだ。第一次大戦時は西部戦線で戦い、戦後、カールスルーエ工科大学で学位を取得して土木技師となった。一九三一年には親衛隊大佐としてヒムラーのスタッフとなった。二年後には道路総監に就任、一九三八年にはヒトラーの肝入りで自身の名を冠した「トット機関」を設立した。

ヒトラーによる冒険主義的な対外政策が次々と断行されていくなかで、トット機関は独自の制服、階級制度をもち、親衛隊、国防軍に並ぶ国家組織へと発展していった。当初は占領地の道路建設を担う組織として発足したが、西部防塞(ジークフリード線)の構築を契機に、軍事的な役割をも担うこととなった。本部はベルリンに置かれ、五万七〇〇〇人の要員が一〇〇万人を超える労働者の管理に従事した。イギリス情報機関の記録によれば、西部防塞の構築には約六〇万人の人員が投入されたが、そのうちドイツ人労働者はわずか二万四〇〇〇人にすぎなかった。残りのほとんどは外国人で、占領地からの強制労働者、戦時捕虜、強制収容所の拘束者であった。とくに、強制収容所から投入されたユダヤ人などは、労働が終わって利用価値がなくなると、アウシュヴィッツへ送られた。

一九四一年、ヒトラーはアウトバーンと西部防塞建設の功労者として、トットにドイツ勲章を授けた。ドイツ国民に対して格別な貢献をなした者に与えられるもので、トットはその第一号叙勲者となった。彼の死後、軍需相を引き継いだアルベルト・シュペーアは、トットという人物についてこう記している。

「トット博士は当時の政府のなかでは最も謙虚で控えめな性格の持ち主であり、決して奸策などをめぐらさない信頼のおける人物であった。技術者によくみられるような感受性と冷静さとをそなえていたので、彼は国民社会主義の国家の指導層とはあまりそりが合わなかったのである。彼は党の連中とは個人的接触を持たないで、孤独にひきこもって暮らしていた。」

一意専心、職務に励む技術者としての姿が、ヒトラーの絶大な信頼をかちえたものと思われる。そしてトットの素顔はまさにそこにあった。アウトバーンをドイツの美しい風土に組み込み、巨大な芸術作品として追究したアーキテクトとしての顔である。トットは、こう説いている。「交通目的の実現がドイツの道路建設における究極の目的ではない。ドイツの道路はその風景の表現であり、ドイツ的本質の表現でなければならない。」

ここで、「ドイツ的本質の表現」とは何を意味するのか。ナチス・ドイツが芸術のなかでもっとも重視したのが建築であった。建築は、アーリア人種の優秀性を強調する民族文化の表現と位置づけられた。選んだ様式は新古典主義である。古代ローマに範をとり、永遠性を強調し、巨大性に憧れる。アウトバーンは、このような建築思想の延長線状にあった。

風景(ランドスケープ)の表現に関して、トットには道路総監に就任したときから抱いていた構想があった。風致設計である。トットはバイエルンの著名な造園設計者の助言を得てそれを実行に移したが、その際、風致設計の基本原則として次の二点を強調している。

「道路は、山、谷、森、野原を含む風景に馴染むようにし、風景を損なってはならない。」「道路そのものは旅行者から眺めたとき、風景と一致した美しさを持たなければならない。」

花や木々や灌木の藪、見事な雲の姿、巧みに設計された休息地と展望地、大きな湾曲を見せて谷をわたる橋梁。アウトバーンの旅行者は、このようなドイツの文化風景のなかを美しい道路に導かれて走り抜けるのである。

ナチスは、映画の上映、展覧会、スポーツにいたる文化・娯楽・保養のさまざまなプログラムを提供したが、とくに人気があったのが休暇旅行であった。一九三八年には約一〇〇〇万人が旅行に参加した。とりわけ、アウトバーンを利用した集団旅行は、低所得者層にもベルリン、ニュルンベルクあるいはドレスデンのようなドイツ文化が生んだ諸都市を訪れる機会を与え、民族意識を高める効果があった。

風致設計の観点からトットが力を注いだものがもう一つある。アウトバーンには平均して七五〇メートルに一カ所の橋梁がある。トットは、その橋梁のデザインに徹底的にこだわった。大小さまざまな橋梁は、石造アーチ橋、鋼製のアーチ橋、桁橋、吊橋、鉄筋コンクリートの桁橋とアーチ橋、最新のプレストレストコンクリート橋、古代から現代にいたる各種の橋梁を網羅した多彩なものであった。石造アーチ橋や石造アーチ水道橋などの巨大な建造物は、二〇〇〇年もの風雪に耐えたローマ時代の建造物をアウトバーンに再現することによって、第三帝国の永遠性を強調するためのものであった。千年王国を目指したナチズムの思想も取り込みながら、芸術作品アウトバーンを追究したトットの理想を垣間見ることができる。

トットはアウトバーンの建設において、ごく小規模の構築物にも多大の注意を払った。彼は次のようなコメントを残している。

「自分たちの畑を耕作している数人の農民のために石積みの前壁をつくったとする。それが堆肥まわりの壁にすぎないとしても、農民たちはそれからささやかな任務でもきっちりと果たすことを学ぶであろう。」

美しい曲線を描いて延びるアウトバーン．
出典）Reiner Stommer: *Reichesautobahn—Pyramiden des Dritten Reiches*, Jonas Verlag, 1982.

「構築物が語りかける教育効果」を期待したのである。これに、「コンクリートと石は物質的な物であるが、人間はこれらの物に形式と精神を与える」という彼の言葉を重ねあわせると、「建造物は人間精神の表現である」というナチズムの建築思想に結びつく。ナチズムには「血と大地」に結びついた自然に即して描写される民族共同体という前近代的な思想と、工業生産の強化に直結する「技術の讃美」という近代的側面が混在している。アウトバーンを自然と技術、風景と人間を結びつける媒介物と位置づけることによって、ナチズムのはらむアンビヴァレンスの解消が図られたのである。

第二次大戦はアウトバーンの建設にブレーキをかけた。対ソ戦を「原始的な人間に分がある戦い」と見たトットは、ヒトラーに戦争の早期終結を進言したが容れられず、一九四二年には工事の中断を余儀なくされた。道なかばにしての挫折に、彼がいかなる思いを抱いていたか、それはもはや知る由もない。この直後、トットは不慮の事故でこの世を去った。しかし、その突然の死は、彼にとって幸いではなかったか。もし生きて敗戦の日を迎えていたならば、ニュルンベルクで戦犯として裁かれていたであろう。

ヒトラーは、アウトバーンを、ドイツ民族による統一ヨーロッパという野望の達成に不可欠なものと位置づけていた。現在、そのアウトバーンがヨーロッパの大動脈として機能しているのは、まさに歴史の皮肉である。トットの薫陶を受けた技術者たちは、彼の遺志を継ぎ、戦後のアウトバーン建設で大きな役割を果たした。そして、戦後日本の道路建設にも、トットは深い影響を与えた。日本で最初の自動車専用道路である名神・東名高速道の建設は、かつてトット機関で本部長を務めた愛弟子クサエル・ドルシュの技術指導により行われたものである。

2　硫黄島の「防波堤」

コンクリート船は狸の泥舟か

一九八四年頃、関西国際空港の建設方式をめぐって、鉄鋼・造船業界と建設業界との間で激しい争いが展開された。鉄鋼・造船側は、鋼製の函を連結した浮体方式を、建設側は土砂を埋め立ててつくる築島方式を主張した。それぞれ相手方式の欠点を取り上げ、お互いに一歩も譲らなかった。ところが、そのうちに、大手のゼネコンが第三の案をもちだした。コンクリート製の函を用いる浮体方式である。コンクリートの函は腐食しないというのがおもなセールスポイントであった。

ある委員会での造船技術者の発言がいまでも忘れられない。一般の人々のコンクリートに対する認識のあり方を思い知らされたからである。「コンクリートは水を吸う材料だ。水は時間の経過とともに内部に浸透していく。だから、水に浮かべたコンクリートの函は、いずれ沈んでしまうにちがいない。」要するに「狸の泥舟論」である。

コンクリートが水を通さないことは古代ローマ時代からの経験的知見である。だからこそローマ人は、水路や貯水槽などに重用した。どんどん漏水してしまうようでは、ダムをつくっても用をなさない。ダム用のコンクリートに要求されるのは強度よりも水密性なのである。しかし、なぜ水を通さないかと問われると一言で説明するのは難しい。コンクリートには、表面に通じる毛細孔隙や微小なひび割れが存在する。水はある程度浸透するが透過できない。水には粘性があるからである。このことは、水よりも粘性の高い水銀をスポンジに通すのを考えてもらえば理解できよう。

コンクリートのこうした性質を利用し、第一次世界大戦中、ドイツ、フランス、イギリスなどの欧州各国では、載貨重量が最大三〇〇トンまでの大小さまざまな鉄筋コンクリート船が建造され、河川および海洋での航行に供された。第二次世界大戦中にはアメリカが鉄筋コンクリート船を量産した。総トン数二〇〇〇トン級の貨物船や油槽船(タンカー)を一〇四隻建造した。戦時の鋼材不足がおもな理由であったが、コンクリート船の頑丈さも注目されていた。

こんなエピソードがある。ビキニ環礁における戦後初めての原爆実験の際、その破壊力を調べるため、旧日本海軍から接収された戦艦長門をはじめ多くの艦船が実験場に繋がれた。爆心から九〇〇メートルの地点には二隻の鉄筋コンクリート船の姿もあった。実験後、この二隻のコンクリート船の船体を調べたところ、ほとんど損傷がなかった。そのすぐ前の一九四六年三月には、アメリカが量産した鉄筋コンクリート船の一隻が太平洋の荒波を越えて横浜港に入港していた。総トン数二五〇〇トン、機関馬力一五〇〇PSの純白な船体を目の当たりにした日本の造船関係者は、アメリカの技術の底力を痛感したという。

それはなぜ硫黄島にあるのか

コンクリート船など、現代のわれわれからすればただめずらしいばかりの代物だが、太平洋戦争末期の一九四五年四月、米軍の上陸攻撃によって日本軍守備隊二万三〇〇〇人が玉砕した硫黄島の海岸には、一隻の鉄筋コンクリート船が砂浜に乗り上げた状態で放置されている。内部の劣化は相当に進んでいるが船殻はほぼ原型をとどめている。全長約六〇メートル、船幅は一六〜一八メートルある。船体の構造から、この船は自航式の油槽船で、第二次大戦中にアメリカが建造した二五〇〇トン級の規格船であったと推定される。

なぜ硫黄島にそのような船が持ち込まれ、放棄されたのか。どこで建造され、どこから持ち込まれたのか。私は以前、偶然のことからその船体各部のコンクリート試料を入手した。これを調べた結果、コンクリートの骨材

硫黄島の砂浜に乗り上げている鉄筋コンクリート船の残骸.
写真提供）欠瀬勝男氏

にはすべて軽石が使用されているのがわかった。船体は軽量コンクリート製であった。

しかも、意外な事実が判明した。軽石の中でもとくに火山礫の一種である天然の軽石が使われていたのである。このことは、この船の建造地がアメリカではなく、アジア地域のどこかの火山国であることを示唆している。そのうちに、自衛隊関係者から「フィリピンで建造されたという噂を耳にしたことがある」という情報が寄せられた。当時、フィリピンのルソン島西部にはアメリカ海軍が海外に保有する基地では最大規模のスービック基地があった。鉄筋コンクリート船を建造するためには、特殊な造船技術と設備が必要である。スービックの近くには後年、噴火による大量の灰塵が航空機の飛行に障害を与えたことで有名になったピナトゥボ火山がある。周辺には大量の火山礫が存在する。これらを総合して私は、硫黄島にあるコンクリート船はスービックの造船所で建造された可能性が高いと推定した。

では、硫黄島に持ち込まれた目的は何なのか。自衛隊関係者によれば、米軍は船舶の接岸を容易にするためにコンクリート船を用いて防波堤の役割を果たさせようとしたが、波浪が高くて失敗したとのことである。たしかに、沖合には四分五裂の状態になった二隻の鉄筋コンクリート船の残骸がある。三隻の鉄筋コンクリート船を縦につないで延長一八〇メートル程度の突堤をつくろうとしたものと考えられる。


硫黄島は東京から一二五〇キロ南方、周囲約三〇キロの小島である。太平洋戦争末期、この小島を米軍が多大の犠牲を払って攻略した理由は、マリアナ群島のＢ29爆撃機の基地と東京との中間点に位置しているという戦略的価値にあった。日本本土爆撃の際の被弾や燃料切れなどによる不時着地と、護衛戦闘機の前進基地として、硫黄島の確保は必要不可欠であった。一九四五年、米軍は硫黄島攻略の直後に海軍施設部隊を送り込んで飛行場の拡大強化工事に着手した。鉄筋コンクリート船はこのときに、物資輸送を兼ねて持ち込まれた可能性が高い。

問題は、これらの船が持ち込まれた時期である。硫黄島攻略を境に米軍の日本本土空襲は本格化した。B29は「超空の要塞」という別称があるように、史上空前の巨体をもつ航空機であった。そのため、操縦には高い技量が求められ、とくに離着陸時には事故が多かったという。戦闘行動以外での搭乗員の犠牲も少なくなかった。一九四五年八月一五日の終戦までに硫黄島に不時着したB29爆撃機は二二五一機を数えた。

しかし、同じ時期の日本人の死傷者は、三月九日〜一〇日の東京大空襲での数も含めて八〇万六〇〇〇人に達する。私もその恐怖を身をもって体験した一人である。硫黄島のコンクリート船は米軍の意図するとおりには機能しなかった。その残骸に、私は日本人として、そしてコンクリート工学者として複雑な思いを抱かざるをえないのである。

防波堤となった武智丸

広島駅から瀬戸内海に沿って東に向かう呉線に乗る。車窓から見え隠れする島々を眺めながら四〇分すると呉駅に着く。かつては、横須賀、舞鶴に並ぶ三大軍港の一つで、戦艦大和もここで建造された。ここからさらに一時間ほど行くと安浦駅に到着する。駅から国道一八五号線を東にとると、瀬戸内海の三津口湾に面する安浦漁港がある。ここで、二隻の鉄筋コンクリート船が防波堤として利用されている。干潮時には、あたかも船台に乗っているような状態で姿を現す。

これら二隻の船は、日本が太平洋戦争末期に建造した鉄筋コンクリート製貨物船である。その建造は、大阪で土木会社を経営していた武智正次郎の提案が契機になった。一九四一年一二月八日、日米開戦の日の朝、武智は社員たちに告げた。「今後の戦争の拡大が艦船の不足を招くことは必至で、それを僅かに年産五〇〇万トンの製鉄量で賄うのは大変なことだ。そこで以前から考えていたことだが、会社のコンクリート技術を造船に応用すれば戦力の要望にも合い、一石二鳥だ。」そして、東条英機首相と海軍艦政本部長に宛ててコンクリート造船の建白書を出した。

ところが軍当局は緒戦の勝利に酔ったのか、日を経ても一向に音沙汰がない。ほとんどあきらめかけていたころ、突然、海軍艦政本部から即刻出頭すべしとの電命が届いた。開戦の翌年、四月のことである。武智には、海軍大臣の命令により艦政本部長所管でコンクリート船建造が決定し、直接の所属が舞鶴海軍工廠に決まったことが告げられた。当時、海軍当局は鋼材の生産不足によって造船計画の縮減を余儀なくされていた。武智の提案するコンクリート船を建造して少しでも船腹の増強を図ろうとしたのである。

コンクリート船のメリットとして武智が挙げたのは、
一、鋼材使用量が鋼船に比較して総トン当たり四〇パーセント程度少ないこと
二、厚鋼板をほとんど必要とせず、鋼船建造と材料面で競合しないこと
三、機関、艤装品、部品などは在来船のものを流用できること
などであった。設計を担当することになったのは造船が専門の技術将校たちである。鋼船にくわしい彼らにとって鉄筋コンクリート船はまったく未知の世界であった。内外の文献・資料を漁り、実験をくり返して何とか設計を完成させた。コンクリート船を建造する会社には武智の土木会社が選ばれた。

武智の会社は、武智が自ら開発した特殊な鉄筋コンクリート杭を用いる基礎工事を請け負っていた。陸海軍や鉄道省の施設、製鉄所の工場などで実績があり、とくに海軍関係者の信頼を得ていた。しかし、武智の会社にはコンクリート船をつくる造船所がない。そこで武智は設計を担当した技術将校と一緒に造船所の建設地探しに奔走することになった。諸方さがしまわった挙げ句、兵庫県姫路市付近の曾根町に荷役が便利で雨が少ないという条件を満たす廃塩田を見つけ、ここに造船所をつくることにした。そして一九四三年、塩田の跡を素掘りした二

本のドックと最低限の建屋しかない、まったく名ばかりの造船所が完成した。経営者の名を冠して「武智造船所」と呼ばれた。

武智は、京都大学の土木工学科出身であった。京大からは恩師にあたる大井清一名誉教授がコンクリート工学の近藤泰夫教授らを引き連れて応援に駆けつけた。京大で同窓生であった大阪市の元土木局長なども泊まり込んで現場を駆け回った。一方、東京大学からは、当時、コンクリート学界の第一人者であった吉田徳次郎教授が自ら現地に出張して、各地の造船所から集められた工員(多くは鋲打工でコンクリートはまったくの素人)を直接指導した。まさに総力戦である。

最初に建造されたのは、全長五一メートル、幅八・五メートル、深さ六・五メートル、油搭載量一二〇〇トンの特殊油槽船であった。葉巻のような丸い胴体に船の舳先を付けたような形で、油を満載すると船体は海面すれすれまで沈み、船首だけが海面から突きだした。それを潜水艦が曳航する。

進水式の日、武智は神棚に燈明をあげて礼拝し、「しくじったらこれだ」と切腹の格好を示したという。自信がなかったのである。造船所に着いてみると対岸の堤防の上にはたくさんの見物人がつめかけていた。コンクリートでできた船なんて見たことも聞いたこともない。きっと狸の泥舟にちがいない。そんな噂が流れていたのである。ところが、船は無事に進水した。このタイプの船は一九四三年暮れから四四年七月頃までに五隻が完成して、呉鎮守府に納入された。いずれもスマトラへ何往復も航行して石油輸送の任務を果たした。

その成績に自信を得て、自航できるコンクリート貨物船の建造が決まった。艦船の喪失が造船量の二倍となり、これに追い打ちをかけるように鉄不足が深刻になった一九四四年のことである。自航できる貨物船として当時の鋼船のE型規格船とほぼ同様なものを三隻建造することになった。総トン数八四〇トン、全長六四・三メートル、幅一〇メートル、載貨重量九四〇トン、定格出力七五〇馬力ディーゼル機関、航海速力九・五ノットという要目で、主として日本近海の海軍用石炭輸送を目的とした。一九四四年から四五年にかけて建造され、それぞれ第一～第三武智丸と命名された。

武智造船所の総務部長は当時を次のように回想している。「人を集めるのが大変だった。近所の婦女子と塩田労働者、それに僅かな職人の総勢六〇〇余名。職人は鉄筋工、熔接工、型枠を組む大工や左官などで未経験者ばかりだった。」

足場に並んだ婦女子たちは長い竹竿でコンクリートの突き固め作業を行った。船底から甲板までは六層に区切って施工された。各層の打継ぎ面の施工は、コールドジョイントにならぬよう、ことさらに注意が払われた。この部分の施工が船の水密性を左右するからである。

武智造船所には、監督官として海軍技手が常駐していた。戦況を考えると早急な完成が望まれる。しかし、未熟練者が多く能率が悪かった。監督官は「造船報国訓」を作成して造船所に貼り付け、作業員の士気を鼓舞した。その一節にはこうある。「我等ノ技術及至誠ヲ以テ、敵ヲシテ唖然タラシム優秀ナルコンクリート船ヲ速急ニ建造セン」

艤装を終えた船は、それぞれ呉(第一武智丸)、横須賀(第二武智丸)、舞鶴(第三武智丸)へ配属された。第一武智丸は瀬戸内海を東は大阪から西は八幡、若松まで約一年間にわたって軍需物資を運搬した。

船体を塗装された武智丸の外見は鋼船と変わらない。海軍からは、「コンクリート船は夜は航海しない方がよい、コンと当たったら一発だ」などと陰口をたたかれたが、いざ航海してみるとコンクリート船の特長が次々と明らかになった。第一武智丸の船長は回顧している。「コンクリート船は重いので空荷のときも吃水が上がらず、シケの時などは揺れが少なかった。乗り心地は上々であった。」

航行中のコンクリート船武智丸.
写真提供)西 直彦氏

コンクリート施工の作業風景．コンクリートを突き棒で突き固める．
明治から高度成長期の前まではよく見られた光景であった．
写真提供）横浜都市発展記念館

一九四五年五月の最後の航海のときであった。約二〇〇〇メートルほど先行していた鋼船が突然、大音響とともに爆発、瞬く間に沈没した。瀬戸内海一帯にはB29爆撃機によって磁気機雷が投下敷設されていた。同じく触雷したはずの武智丸はびくともせず、乗組員は「この船は、コンクリート製だから機雷にやられずに済んだ」と言って胸をなでおろしたという。第二武智丸などは触雷三回、機銃掃射一回を受けたが、ドック入りすることもなく数日間の沖修理によってただちに就航した。神戸港内では、後から来た鋼船が武智丸に追突したこともある。沈んだのは鋼船のほうであった。

終戦の年の九月一七日、四国・中国地方を枕崎台風が襲った。犠牲者は死者・行方不明者合わせて三七五六人に達した。瀬戸内の三津口湾に面する安浦漁港には防波堤がなく、漁船は台風のたびに被害に遭っていたが、このときも大きな被害を受けた。一九四七年、安浦漁業会会長菅田国光は県に防波堤の設置を陳情した。しかし、調査の結果、安浦漁港の海底は粘土質で軟弱なため、当時の土木技術では防波堤の設置は困難であることがわかった。翌年五月、落胆していた菅田会長のもとに中国海運局船舶部船舶課長から連絡が入った。「大阪港に防波堤として利用できそうなコンクリート船が係留されているので見てみるか。」第二武智丸であった。

その年の八月、呉港に係留されていた第一武智丸と一緒に、大蔵省から払い下げが認可された。一九四九年度に農林省水産庁の補助を得て、事業費八〇〇万円で基礎工事が始まった。第一、第二武智丸の据付け工事は翌五〇年二月中旬の朝、満潮時を待って行われた。太平洋戦争末期に活躍した二隻の「狸の泥舟」は、瀬戸内海の漁港で二度目の使命を果たすことになった。その後、安浦漁港では台風の被害が少ない。世界でもめずらしいコンクリート船防波堤は、地元漁民に多大の恩恵をもたらしている。

私は二〇〇二年までに数回現地を訪れ、二隻の武智丸をつぶさに調査した。潮風に約六〇年間曝されてきた船

安浦漁港の防波堤となった2隻の武智丸.

体はいまでも健全であった。強度も設計当時の値を保持している。それだけでも十分に驚きであったが、さらに意外な事実が判明した。船体のコンクリートには信じられないほど多量の塩分が含まれていたのである。コンクリートを練り混ぜるときに使用した砂が原因である。それは、造船所建設の際に掘り起こした廃塩田の砂であった。ところが、それにもかかわらず、しかも驚くべきことに、内部の鉄筋はほとんど腐食していなかった。

武智丸の船体におけるコンクリートの厚みは、上部が一一・五センチ、満載吃水線以下でも二〇センチに満たない。高度成長期に建設された山陽新幹線の高架橋床版の厚さは二二センチであった。それがわずか四半世紀後には、雨水の浸透すら防げなくなっていた。プロであるゼネコンが施工した高架橋のコンクリートの品質は、素人の婦女子が施工したコンクリートの品質に遠く及ばなかった。この差は、コンクリート施工の原則を忠実に守ったか、蔑ろにしたかによって説明できる。

安浦漁港の二隻の武智丸は私たちに、鉄筋コンクリートの本来の姿を見せているのである。

第4章　戦後の復興とともに

——高度成長とコンクリート

一九四五年三月九日の深夜、三三四機の「超空の要塞」B29が低空飛行で東京上空に侵入し、一〇日未明にかけて執拗に夜間爆撃をくり返した。このわずか一夜の空襲で、本所、深川、浅草など下町の大半が焦土と化した。アメリカの爆撃機は計画的に火の壁を四方につくってその中を絨毯爆撃した。逃げ場を失った九万人余の市民は生き地獄の中で焼き殺された。当時、下町に居住していた知人はこう回想している。「撃墜されたB29から搭乗員がパラシュートで降下してきた。鳶口やシャベルを持って仲間とともに駆けつけ、彼に襲いかかった。めった打ちにして息の根を止めた。」

アメリカは、この頃から日本本土の焦土化作戦を開始した。その手段がナパーム弾や黄燐焼夷弾による夜間無差別爆撃である。東京は延べ一〇〇回を超える爆撃で全家屋の約半数が失われた。さらに、広島と長崎を含む六六の都市が大規模な空襲を受け、多くの住民が命を落とし、家を失った。罹災者は八七五万人、死傷者・行方不明者は六七万人に達した。

終戦一カ月後にアメリカ戦略爆撃調査団が撮影した東京浅草地区の写真がある。戦災前には町工場や飲食店が密集していた浅草地区の建物の大半は木造家屋で、焼夷弾攻撃によってあえなく焼失した。瓦礫の中に土蔵と鉄筋コンクリート建物が点在するばかりである。その様子はローマの遺跡フォロ・ロマーノを彷彿させる。アメリカの歴史家ジョン・ダワーはこう記している。「最初に日本に上陸した米軍の先遣隊のなかで、横浜から東京ま

焼け野原になった東京と
現在の東京.
写真提供)共同通信社

で数時間の旅をした部隊は行けども行けども廃墟と化した都市の様子に一様に強い印象を受けた。」

この無差別爆撃を計画したのはアメリカ対日戦略爆撃指揮官のカーチス・ルメイであった。戦後、彼が来日したとき、日本政府は勲一等旭日大授章という最高勲章を授与している。

それから一〇年余の一九五六年、『経済白書』は「最早「戦後」ではない。回復を通じての成長は終わった。今後の成長は近代化によって支えられる」と宣言した。高度成長が目前に迫っていた。日本経済の回復はセメントや肥料の生産にも現れた。一九四六年のセメント生産量は一〇〇万トンを切っていたが、五年後には、はや戦前のピークに達した。私が大学を卒業した一九五四年当時、セメントは肥料(硫安)に砂糖を加えて世にいう「三白景気」をささえた花形産業であった。このときセメント生産量は年産一〇〇〇万トンの大台に達していた。

五年後、東京都心の風景は大きく変化し始める。一九六四年の東京オリンピックをひかえて首都高速道路の建設が始まった。首都高速一号線から八号線までのオリンピック関連道路が次々と完成し、日本の表玄関であった羽田空港と都心、さらには各種競技会場や選手村の神宮外苑および代々木を経て新宿まで、一本の高速道路で結ばれることになった。ほぼ全線が高架橋である首都高は都心の風景を激変させた。戦前からの街路に橋脚を立て、あるいはひと跨ぎにして出現した巨竜のような首都高は、当時の人々に新しい時代の幕開けを予感させた。

首都高速道路は東名自動車道などの全国規模の高速道路とつながり、人口の大都市集中を加速させる装置が着々とでき上がっていった。それにともなって、大都市における勤労者の住宅不足が深刻化しはじめる。その解決策として登場したのが、古代ローマの頃から過密都市の典型的な居住形式であった集合住宅である。高度成長をささえる者たちの生活基盤となった集合住宅は、現在、「マンション」として日本の大都市における一般的な住居となっている。戦災による焼け野原はコンクリートに覆い尽くされ、ローマの遺跡と見まがうばかりの荒廃は、もはや見る影もない。

1　戦後集合住宅私的変遷史

高度成長をささえた公団住宅　ここに一枚の写真がある。皇太子時代の天皇が美智子妃とともに団地住宅のベランダに立ち、笑顔で手を振っている。成婚翌年の一九六〇年九月、東京のひばりが丘団地を見学しているときのスナップである。ベランダの端には電気洗濯機らしいものが見える。当時の電気洗濯機の普及率は八パーセントで、室内に専用の置き場などなかった。階下には洗濯物が満艦飾の状態で干してある。いまの目で見るとあまりにも庶民的な団地のベランダにある皇太子夫妻は、鶴がどぶ池に降り立ったような印象を与える。

一九六〇年といえば池田隼人首相が「所得倍増計画」を引っ提げて登場した年で、日本の高度成長が急速に進展しはじめた時期にあたる。大都市圏への人口集中が急激かつ大規模に生じ、市部人口が五六パーセントに達したのはつい五年前のことだった。終戦時は二八パーセントであったから、その比率は一〇年間で倍増したことになる。流入しつづける人々の受け皿になったのはおもに「木賃アパート」、つまり、六畳一間の部屋からなる木造民営アパートであった。

一九六八年の東京では住宅の約四割が木賃アパートで、四人に一人がその住民であったといわれる。そうしたなかで人々の羨望の的になったのが「団地」である。団地とは、大都市圏のなかに十分なオープンスペースと住環境を保ち、適度な密度で配置された鉄筋コンクリート造の中層集合住宅群のことである。このような団地が東京や大阪などの大都市圏に次々と建設され、日本の風景の一部になっていくのは一九五五年の日本住宅公団設立以降のことである。

団地のベランダに立つ皇太子夫妻．1960 年．
写真提供）読売新聞社

戦後、住宅問題にいち早く取り組んだのは、当時自民党の新進代議士であった田中角栄である。衆議院建設委員会を舞台として、持家促進のための「住宅金融公庫法」と不燃化共同住宅の供給を目的とした「公営住宅法」を相次いで制定させた。しかし、東京をはじめとする大都市地域の住宅供給を一般会計予算でまかなうのは限界があった。そのために、政府は、財政投融資計画にもとづく資金を財源とする特殊法人日本住宅公団を発足させ、対応にあたらせた。

住宅公団の使命は、耐火性能を有する集合住宅、すなわち鉄筋コンクリート造集合住宅を早急に都市域に建設することであった。しかも、設立初年度より二万戸もの住宅を設計建設することが求められた。そこでとられた手段が標準化である。個々の住棟や団地の設計、建設にあたっての業務量を減らせるように、各住戸の間取りや住棟内での配列などをあらかじめ決めておき、住棟や団地の別を問わず共通の標準を設けた。

当時、公団住宅のタイプはおもに二ＤＫと三Ｋであった。これらは、戦中戦後を通じて住宅研究者や建築家らによって進められてきた「生活最小限住宅」に関する研究成果をもとに、住宅の平面計画に関する考え方を実施に移したものである。食寝分離の考え方を実現したものが二ＤＫであり、就寝分離によるものが三Ｋであった。

住宅公団の発足から一五年後の一九七〇年を迎えるころには、賃貸住宅は一七八団地約四万七〇〇〇戸、普通分譲住宅は六一団地六五〇〇戸、特定分譲住宅は三万戸で、合計八万戸を超える公団住宅が供給されていた。

入居申込資格のおもな者は、住宅に困窮する勤労者であることと、家賃または分譲代金の支払いが可能な者であることの二点であった。当初、後者の条件を満たすことができる勤労者はそれほど多くなかった。そのため、住宅に対する入居希望者の応募状況は、賃貸住宅では平均約七倍、普通分譲住宅では一倍を超える程度にすぎなかった。

ところが、一九六〇年代に入ると、高度成長にともなう勤労者の所得水準の向上と相まって、公団住宅に対する一般の関心が急速に高まっていった。居住性や家賃の低廉性が高く評価され、入居希望者が殺到し、応募倍率も急上昇した。賃貸住宅の応募倍率は一九六〇年度には一三・七倍、六一年度には三一倍と急激に高まり、以後三〇倍台がつづく。

公団賃貸住宅の入居者の決定は抽選によって行われた。住宅困窮度の高い者が何回も落選することがあったので、多数落選者の優遇措置が設けられた。落選一五回以上の者を対象とし、当選倍率を一般申込者の一〇倍とするものである。当時、私は民営の木賃アパートでそのあまりの狭さに身を縮めるような生活を送っていたが、この優遇措置のおかげで「団地族」の仲間入りを果たすことができた。私が入居したのは東京都足立区の総戸数約二六〇〇戸の団地であった。

私はそこで、自治会の管理担当の役員を務めた。居住者共通の要望や苦情をまとめて年一回、東京九段の公団本社に陳情へ行くのがならわしだった。ある年のことである。かねがね居住者より階上からの水漏れに関する苦情が多かった。そこで公団側に「防水工事はどうなっているのか」と質すと、出席していた理事からこんな言葉が返ってきた。「あのね、コンクリートというのはもともと水をよく通すものなんだ。住んでいる人が水を漏らさないようにするんだね。」私は、一瞬呆気にとられた。当時、私は東京大学の生産技術研究所で助教授をしていた。まさか、住宅公団の理事からコンクリートのレクチュアを聴かされるとは考えてもいなかった。私の職業を知っていた担当の課長がすぐさま理事に耳打ちをした。そのためか、それ以上は拝聴できなかったが、公団幹部が日頃何を考えているかはよくわかった。それは、「われわれは君たちを住まわせてあげているんだよ。ありがたいと思いなさい」というものである。このような公団幹部の姿勢はその後も決して変わらなかった。

著者が住んでいた東京足立区の団地．民営の木賃アパートを抜け出し，晴れて「団地族」の仲間入りができた．

賃貸から分譲へ

当時、住宅公団が建設した賃貸集合住宅の典型的なものは、五階建てで上階までの階段の両側に各戸の扉がある縦長屋方式である。もちろん、エレベータなどない。一〇戸分の郵便受けがある階下入口は、しばしば主婦の井戸端会議の場となった。一棟には多くの場合、四カ所の入口があり、合わせて四〇世帯が住んでいた。

私が入居した足立区の六〇棟余の団地のなかには、七～八棟の塔状の建物があった。ポイント型と呼ばれた分譲集合住宅である。一九六〇年代後半に入ると、賃貸住宅の競争倍率が減少しはじめ、分譲住宅の応募者が増加しはじめる。とくに首都圏では、一九七〇年前後から地価の急騰を反映して分譲住宅の応募倍率が急上昇した。分譲専用の集合住宅が大都市やその郊外に建設された。建物も大都市のような過密地区では高層形式が多く、十分なスペースが確保できる郊外では五階建ての縦長屋形式が多かった。

郊外型分譲住宅の一つの典型が埼玉県狭山市に建設された狭山台第一住宅である。三一棟からなる一〇〇〇戸の団地で、分譲が始まったのは第一次オイルショックの翌年の一九七四年であった。

ところが、この団地では分譲を開始してから二、三年後に雨漏り・ひび割れなどのトラブルがほぼ全棟にわたり発生した。公団の出先機関が補修をくり返したがトラブルは一向におさまらない。たまりかねた団地の管理組合は、コンクリートの専門学会に「専門家に調査を依頼したいので誰か紹介してほしい」と要請した。学会の専務理事から「協力してやれないか」と相談を受けた私は、「建物の問題だから建築の先生に声をかけたらどうか」と答えた。それが、理事の話ではすでに何人かの専門家に電話したがすべて断られたとのことであった。数日返事を保留した末に、調査を依頼した管理組合に電話を入れて様子を聞いてみた。すると、「夜になると、建物がミシミシときしんで不気味だ」などと訴える。何か異常な事態が起こっていると直感した私は、調査を引き受け

狭山台第一住宅で認められたコンクリートの早期劣化．ひさしの部分がくずれ落ちている．築後 10 年程度でこのような劣化が起こることは通常は考えられない．

ることにした。

　数年をかけて調査した結果、雨漏りの原因は不完全な屋根防水にあり、さらに異常なひび割れはコンクリートのアルカリ骨材反応に起因することがわかった。私は管理組合の了承のもとにこれを公表した。この問題はＮＨＫのテレビニュースや朝日、毎日などの日刊紙が報道したことで広く世間の知るところとなった。

　公団側は反発した。新聞が伝えた公団調査役のコメントは、「……狭山台団地で見られる程度のひび割れは日本のすべてのコンクリートに見られる。学会で論争することもせず、一方的に自分の考えを発表されては第三者に被害を与える」というものであった。しかし、このコメントをその言葉のとおり受け止めると、狭山台団地のような早期劣化を起こしている公団住宅が他にも数多く存在することになる。公団は自らの不手際を知ってか知らずか進んで露呈したのである。

　日本住宅公団は高度成長期を通じて、ユニークな設計思想にもとづく大量の住宅を供給した。木造家屋からコンクリート住宅への転換は私たちに現代的な居住形態を知らしめ、都市の安全性を向上させた。しかし、これらの建設にあたって、質より量を求める体制が形づくられたのも否定できない。

マンションの登場　　分譲集合住宅は、いつしか一括して「マンション」と呼ばれるようになった。マンションの本来の意味は、中世におけるイギリスやフランスの荘園所有者が住む大邸宅のことである。日本住宅公団は、標準化という手段を用いて都市部勤労者向けの住宅を供給すると同時に、非木造集合住宅という住宅形態を日本社会の中に定着させた。しかし、このような公団住宅はマンションとは呼ばれなかった。初期にマンションと呼ばれたのは、公団住宅よりも高級な民間分譲の集合住宅であった。その第一号が一九五六年に東京の都心部に建てられた四谷コーポラスである。

都心部近くに立地し、標準設計などとはおよそ無縁な高級集合住宅としてのマンションが供給されはじめたのは、東京オリンピックの前年頃からであった。当時の購入者は企業役員層が中心である。現在のように、一般のサラリーマンをおもな対象としたマンションが建てられるのは一九七二〜七三年の「日本列島改造ブーム」の時期になってからであった。サラリーマンにも手が届くマンションの登場は高度成長の終わりを象徴している。

この新規市場に、大量供給を前提とする民間ディベロッパーが乗り出してきた。その結果、現在、マンションは分譲住宅の代名詞を意味するほど普及している。一九九八年、日本の住宅戸数全体に占める集合住宅の割合は約三分の一に達し、年間の新設住宅戸数全体に占めるそれは五割を超えた。これらの数字は大都市ではさらに高くなっている。たとえば、大阪市では既存住宅戸数の約六割、新設住宅戸数の約八割が集合住宅である。これらのなかには賃貸住宅も含まれているが大半は分譲住宅である。

私は、日本における集合住宅の変遷過程を身をもって体験した。公団の賃貸住宅から、民間ディベロッパーによる初期の分譲住宅、そしてバブル絶頂期のタイル張りマンション、そのすべてに移り住み、暮らしてきた。ここでは、中継ぎ的役割を果たした初期の分譲住宅を紹介することにしよう。

マンションの市場開拓を目指したディベロッパーやその依頼を受けた設計事務所、建設会社にとって、大衆向け集合住宅供給の先駆者、日本住宅公団の標準設計は少なからず手本を提供するものであった。その代表的なものが、工場生産の鉄筋コンクリートパネルを組み立ててつくる、壁式プレキャスト鉄筋コンクリート工法である。プレキャストコンクリート工法とは、建物を構成する壁と床などの鉄筋コンクリート部材を工場で製作し、これを現場に運搬して接合・組み立てて建物をつくる工法である。大量の住宅を急速に施工することが可能で、かつ品質の保証された集合住宅をつくることができるため、一九六〇年代から七〇年代にかけて大規模集合住宅で多く採用された。柱や梁が必要ないので、鉄筋コンクリートパネルに内装材を直接張り付けて居住空間を大きく確保できるというメリットがあった。

一九七〇年、私は大手建設業系のディベロッパーが神奈川県相模原市にこの方式で建設した約六八〇戸の分譲マンションに住むことになった。部屋の構成は三LDKが主体で、数棟は四LDKで構成されていた。この分譲マンションは、「郊外マンションの先駆け」として話題になった。新聞広告には、二、三日おきに住居記号の入った各棟の断面図が示され、売れた住居には次々と斜線が引かれていった。私は、「乗り遅れまい」と焦った。ローンの頭金を各方面から工面して、何とかこのマンションの三LDKの住居を手に入れた。

南側に三室を配した設計は当時としては住み心地のよい住居であった。しかし、北側の部屋の内装材は結露で変色し、押入れには黴が発生した。夏休みや暮れ正月には子供が遊びにきたのか、上階からはドタバタという音がする。夜になると、壁で接する隣からは、テレビの音声が微かに聞こえてきた。建設会社の友人に話したところ、「コンクリートパネルに配管用の穴があり、それを充填しないまま内装材を張り付けてしまったのであろう」ということであった。上下左右の住居とは一二センチ厚みの鉄筋コンクリートパネルで仕切られていたはずなのだが、閑静なマンション生活というイメージからは程遠いものであった。

当時は、このようなマンションでも大企業の役員や大学教授、弁護士など、世間では高給取りと目されている人たちが多く住んでいた。私が管理組合の理事長を務めていたときのことである。ある日、帰宅早々、管理員から電話が入った。「今日、〇〇棟に住んでいる〇〇自動車の副社長が団地内で自動車事故を起こした。お孫さんを乗せてバックしたとき、階段入口の手摺りに打ちつけたらしい。壊れた手摺りは社員が駆けつけて対応するそうだ。一応、報告しておく」とのことであった。〇〇棟といえば四LDKであったが、この縦長屋マンションに住むことになっそのような大会社の副社長が住んでいるとはにわかに信じ難いことであった。このマンションに住むことになっ

著者が住んでいた神奈川県相模原市の分譲マンション．ローンの頭金をなんとか工面して手に入れたのだが…….

たのはどうやら職住近接のためであったらしい。当時、近くには彼の会社の工場があった。その副社長は間もなく社長に就任し、都内に住居を移していった。

その頃から、都心部へ通勤する住人たちがクシの歯が抜けるようにこのマンションから去っていった。分譲会社の前宣伝は、「小田急線急行で新宿まで三五分」である。マンションの住人には都心方面の通勤者が多かった。私を含め、多くの住人がこのマンションを選んだのは、通勤に消費される時間とエネルギーを考えてである。ところが、ふたを開けてみれば、駅までのバスの不定期運行、小田急線電車の殺人的混雑である。新宿まで五〇分という見込みちがいの所要時間は、通勤どころではなく痛勤であった。我慢は限界に達していた。

一方、タイル張りの個性的な単棟集合住宅が「△△マンション」として首都圏の各地に次々と建設されていたのもこの頃である。新聞には連日のように新築マンションのチラシが入った。これらのマンションもまた、セールスポイントは最寄りの交通機関へのアクセスと都心部への通勤の利便性であった。建設戸数が増加していくに従って、団地族にもチャンスがめぐってきた。「痛勤」に限界を感じていた私にも、縦長屋マンションを売却し、首都圏下の最寄り駅近くに立地するタイル張りマンションの住人となる日がついにきた。ときは、一九九〇年、バブル崩壊の直前である。

分譲会社は日本を代表する不動産会社、設計・施工も超一流のゼネコンである。建物躯体はたしかにしっかりつくってあった。ところが、和室天井の木製天井板をそっくりはずしてコンクリート床版の表面を見ると、驚いたことにその中央部付近に、コンクリートではなく直径十数センチのモルタルが充塡されていたのである。コンクリート施工の際に生じた空洞を後からモルタルで詰めたのである。

しかし、このくらいならば序の口である。バブル崩壊後に建設されたマンションの品質が劣ることは、ゼネコ

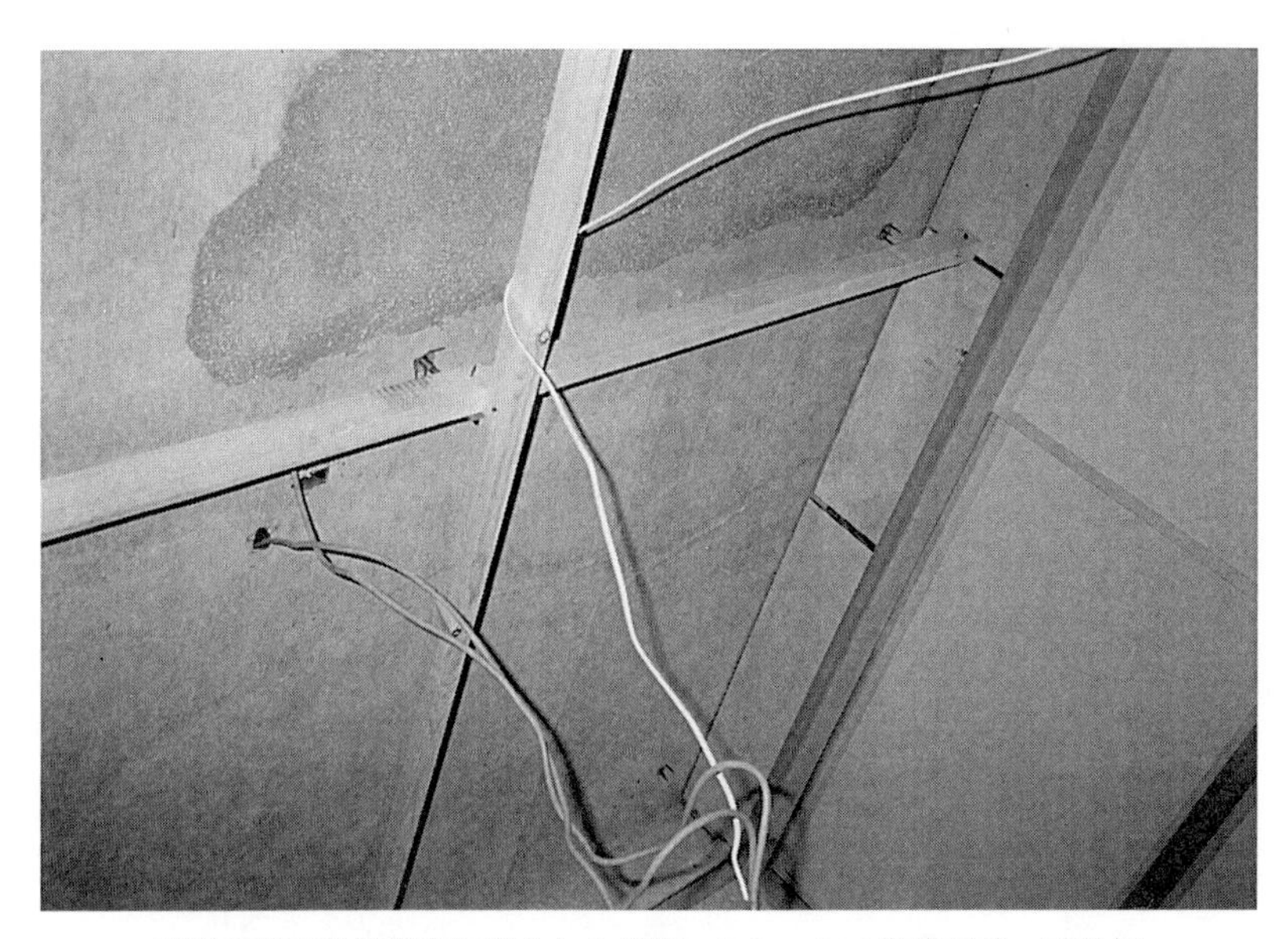

著者が埼玉県浦和市に購入した分譲マンションの和室天井．天井板をはずしてみたら，コンクリート床版にはモルタルが充填されていた．バブル期のマンションとしてはまだ序の口である．

ン関係者が認めるところである。値下がりが止まらない土地をたくさん抱えたディベロッパーは、一刻も早く資金を回収しようと分譲マンションの建設・販売に走った。マンション販売では、システムキッチン、オートロック、自動給湯システムなどがセールスポイントになる。より安い価格でこのような設備を整えるとなれば、建設費用をやりくりして何とかするしかない。真っ先に削られたのは建物躯体の工事費である。

建築費全体に占める建物躯体の工事費の割合は最低限二〇パーセントは必要である。それがさらに削られるのだから、外装材に隠された鉄筋コンクリートの中身がどのような代物になるかは容易に想像できる。それでも、海千山千の民間ディベロッパーは商売上手である。要するに締めるところはきちんと締め、ボロを出すようなことは滅多にない。

ところが、こうした強者を相手にマンションの販売合戦を強いられた公団は役人上がりの集団である。そんなしたたかさなど、とてももちあわせていない。その天下り体質が手抜き工事の見逃しを引き起こした。二〇〇三年六月、『朝日新聞』の朝刊第一面を「公団マンション欠陥工事」という大見出しが飾った。一九八九年から九〇年のバブル期に住宅都市整備公団が分譲した都下八王子市のマンション二二棟に、大規模な欠陥のあることが判明したというのである。屋根や壁のコンクリートのひび割れや充填不良、鉄筋不足や配筋不足などにより、公団は一九棟の補修工事と、「鉄筋が不十分で危険」との理由から三棟の建替え工事を行う事態にいたった。発端はまたしても水である。台風がくるたびに部屋に雨漏りが起こった。壁紙はたるみ、切ると水が流れ出した。それを公団は、「単なる結露だ」と何年も欠陥を認めようとしなかった。狭山台団地のときとまったく変わらない対応である。ようやく釈明しても、「バブル期で腕の良い技術者は都心のビル建設現場に取られてしまった」というばかりであった。

この分譲マンションは四六棟で、工事は四三業者が受注した。狭山台団地の場合の三一棟四業者に比べると、異常な分割発注である。公団は大規模な団地の場合、入居を開始する「街開き」の時期を地元の自治体と綿密にすり合わせ、学校など公共施設のオープンと同時期に調整する。そのために工区を細かく分割して発注したのだが、それが仇になった。技術力の劣る三流業者も受注することになったのである。次節で見るように、高度成長期、山陽新幹線の高架橋では工期に間に合わせるため工区が一キロごとに分割発注された。まったく同じことがバブル期のマンション建設でも行われていたのである。

両者には、もう一つの共通点がある。それは、建物の異常劣化を一〇年も前から指摘されていた当事者が言を左右にして動こうとしなかった点である。このような臭いものには蓋をして責任は極力回避するという風潮が一般化したのは高度成長期以降のことである。こうした風潮は建設分野に限ったことではなく、いまや日本のいたるところに蔓延している。

それにしてもである。日本で有数の分譲企業という庶民の信頼をくり返し裏切った公団の罪は重い。居住者は長年にわたって不快な生活を強いられ、補修や建替えのために仮住まいを余儀なくされる。監督官庁である国土交通省は責任者である公団総裁に対して厳重注意を申し渡した。総裁自身は給与一〇パーセントを二カ月間辞退したという。他の分野の企業であれば辞職のケースであろう。

2　夢の超特急の影で

妙手に隠された陥穽　一九九五年八月、戦後五〇年を記念して一連の記念切手が発行された。その第三集は「高度経済成長(新幹線・高速道路)」である。描かれているのは大きくカーブする高速道路の高架橋と当時の丸いノーズの新幹線先頭車両の組合せで、遠景には白雪に輝く富士山が見える。新幹線と高速道路は日本の高度成長の象徴であった。ところが、その前年一月一七日の阪神大震災は、この高度成長の象徴に意外な弱点が潜んでいることを示した。

もろくも倒壊した山陽新幹線や阪神高速道路の高架橋のテレビ映像に私は息を呑んだ。どこかよその国の地震災害ではないか、そんな錯覚を起こさせるような惨状であった。時間の経過とともに、手抜き工事の実態が次々と明らかにされた。倒壊した新幹線高架橋の柱は、施工当初から中途で二分されており、一体化していなかった。鉄筋はガス圧接部分で剝離破壊していた。上部に帯鉄筋が存在しない柱もあった。

しかし、私がもっとも衝撃を受けたのは一枚の写真であった。それは、単なる手抜き工事としてはかたづけられない異常な状態を示していた。その写真には新幹線高架橋柱の縦筋が見えている。柱の鉄筋は等間隔で配置することになっているが、この柱では鉄筋がまとめて無造作にほうり込まれてあった。写真では見えないが、その分、別の箇所では鉄筋が疎らになっているはずである。縦筋を束ねる帯筋は通常直径一〇ミリの異形鉄筋であるが、実際に使用されていたのは六ミリの丸い鉄線であった。

驚くべきことは他にもある。高架橋や橋脚が「ゴミ捨て場」になっていたのである。空き缶、角材、発泡スチロールなど、実に多彩なものが投げ込まれていた。なかでも極めつきは、コンクリートポンプの洗い滓が廃棄されていた武庫川橋梁の橋脚である。橋脚断面の中ほど数センチの層は洗い滓であった。橋脚のコンクリートは、この部分で二分されており、鉄筋のみでかろうじてつながっていた。

このような犯罪的行為は、請負業者の暗黙の了解の下で行われたと考えるべきであろう。構造物が完成してしまえば、すべてが半永久的にお蔵入りとなる。外観からチェックできないからだ。震災が起こったから判明したのである。これらはどう考えても手抜き工事の範疇を超えている。施工の完全放棄である。

阪神大震災で露出した新幹線高架橋柱の縦筋．
写真撮影）植木慎二氏

なぜこのような異常事態が起こったのか。ここには、発注者国鉄に対する請負業者の無言の抵抗を読み取ることができる。その理由を知る鍵は山陽新幹線が建設された一九六七~七五年の八年間にある。第一期工事の新大阪—岡山間の工事が行われた一九六七~七二年の間に、日本の実質経済成長率は一一パーセントに達した。いざなぎ景気と呼ばれた時期である。ところが、この第一期工事は難航した。阪神三市における用地買収に手間取ったのである。新大阪—岡山間一六五キロの用地取得の対象になる沿線関係権利者は約八五〇〇名の多数にのぼった。その全線の用地取得が完了したのは開業予定の前年、一九七一年であった。工期の遅れを挽回し、開業に間に合わせるために採られた措置が高架橋の突貫工事である。

この工事をふりかえり、当時の国鉄新幹線建設局局長であった高橋克男は、「山陽新幹線(新大阪—岡山間)の建設工事を終わって」と題する土木学会誌の工事報告でこう述べている。

「完全ともいえる工程管理の実施と工事の機械化により所要の工期内に完成させることができた。」「用地解決からほぼ六ケ月で約一〇キロの高架橋を完成させたことは関係者の熱意と努力によるものといえよう。」

高橋局長が言及する「工事の機械化」とはコンクリートポンプと移動式型枠の導入である。これらの新技術は、深刻さを増す労働力不足への対応と施工の急速化という一石二鳥の妙手であった。

高橋局長は自画自賛するが、実際には、新たな技術の導入は思わぬ弊害を生むことになる。日本のコンクリートを脆弱化させたことで悪名高い車両搭載式のコンクリートポンプを初めて導入したのは岡山駅の高架橋床版の工事であった。一九六七年のことである。この機械は、翌年以降、ほぼ全区間にわたって使用された。その結果、何が起こったかを検証してみよう。

生コン工場で練り混ぜられたコンクリートは、少なくとも二~三時間は流動性を保っている。この間に、

①コンクリートを運搬車で現場まで輸送する
②鉄筋が配置されている型枠設置箇所まで運搬して、その中へ流し込む
③鉄筋や型枠の隅々まで充塡する

という一連の作業を終えなければならない。コンクリートポンプが導入されたのは②の作業工程においてである。

それまでは、運搬車のコンクリートをバケットという円筒形の容器に受けて、クレーンで型枠付近まで運ぶという方式を採っていた。コンクリートは、砕石、砂およびセメントなどの固体材料と水との混合物である。このような比重と粒径の異なる混合物は、運搬や移動作業に際して互いに分離しやすい。バケット方式は、運搬車から受けたコンクリートをほとんどかき乱すことなく型枠付近まで移動する品質重視の作業方式である。しかし、バケットやクレーンなどを使用する不連続作業であるため、熟練労働者と時間を要した。ポンプによるコンクリートの圧送はこの人手を機械に置き換え、しかも連続作業で時間を大幅に短縮できる。施工急速化のネックがこれで解決された。

ところが、まさにそこに国鉄当局が予想もしない落とし穴があった。コンクリートポンプの作動状況が工程を左右するようになったのである。ポンプの使用によって、コンクリートの打込み作業の管理はポンプ業者と下請けゼネコンの支配下に入った。そこで何が起こったか。工場から出荷された生コンに水が加えられ、軟らかくされてしまうのである。ポンプ配管の閉塞事故は、半日もの作業中断を引き起こしかねない。実際、そのような事故はしばしば起こった。現場では、生コンを軟らかくすることでこの問題に対処しようとした。軟らかいコンクリートは下請けの作業員も大歓迎である。ポンプ圧送における摩擦抵抗が少ないので作業が早く終わり、締め固めも楽にできるからである。こうした行為は、現場のポンプ圧送業者または下請ゼネコンによって行われた。

しかし、発注者が必要とするのは硬めのコンクリートである。軟らかいコンクリートは耐久性が劣り、作業中

に分離しやすい。強度が低く、耐久性に劣るスカスカのコンクリートが、発注者の知らないうちに施工されていった。週に一、二回巡回してくる国鉄の監督者は工程の進捗状況を確認するだけである。彼らは、ポンプという新しい施工機械の現場での運転に口出しすらできなかった。

ここで一つの疑問が起こる。なぜ新幹線の高架橋や橋梁を鉄骨ではなくコンクリートでつくったのかという疑問である。美観は考慮の外であったことは確かである。足場が並んだようなコンクリート高架橋と富士山の取合せは絵にならない。答えは騒音対策である。人口稠密な国土に高速列車を走らせれば騒音公害は避けられない。コンクリートは鉄鋼などの金属材料に比べて振動の吸収性と遮音性に優っている。コンクリートは、大小さまざまな骨材粒が大半を占め、その間隙をセメント硬化体が埋めている。そのセメント硬化体部分は多様な結晶と空隙からなっている。こうした内部構造が、外部からの衝撃による弾性波を伝播しにくくしている。振動や騒音を吸収しやすいのである。

責任施工体制が生んだ無責任施工

話をもどそう。そもそも発注者である国鉄の施工管理体制はどうなっていたのか。高度成長期、工事の増大にともなう技術者不足の対応策として、新たな施工管理体制が各種の公共工事で導入された。責任施工である。工事発注者が現場での監督を行わず、請負人の自主的な管理施工に委ねるもので、請負人の技術的レベルが高いこと、発注者と受注者の相互に技術に対する信頼があることの二つが前提になっていた。国鉄も、この責任施工を導入した。

ところが、山陽新幹線の工事では、発注者と請負業者相互の信頼が失われていたのである。当時は全国規模で各種の公共工事が進められていた。高速道路関係だけでも、東北・中央・北陸・中国・九州の各自動車道縦貫五道をはじめとして、北海道・関越・常磐・東関東・近畿・関門の各自動車道の建設が急ピッチで進められていた。

国鉄の工事は建設省関係の工事にくらべて利益が小さい。請負業者としては標準設計で画一的な高架橋工事はおよそ魅力に欠ける工事でもあった。用地取得の遅れを急速施工によって対応しようとすれば数多くの設計変更を余儀なくされる。その都度、国鉄の担当者は請負業者に頭を下げて協力を頼み込む。請負業者も対応に追われる。手間がかかるし経費は持ち出しになる。その一方で、工期を順守するよう絶えず尻を叩き叩かれる。請負業者としては手抜き工事以外の選択肢はなかった。「ゴミ捨て場」と化した橋脚は、積もる鬱憤を晴らすための現場の腹いせ行為によるものだったのである。

私が初めて山陽新幹線高架橋の現地調査に出かけたのは一九八三年三月のことであった。調査したのは、西明石駅から相生駅にいたる約五〇キロの区間である。そこでは、建設後十余年で激しい鉄筋腐食が起こっていたことに衝撃を受けたが、もう一つ理解に苦しむ現象を目にした。それは橋脚のコンクリートの表面状態である。ガサガサとした肌で気孔がやたらに多く、いまにも崩れそうな感じであった。私は、それまでの約四〇年間に数多くのコンクリート構造物を見てきたが、このようなコンクリートに接したのは初めてであった。

それから一五年後に謎は解けた。当時、相生付近の高架橋工事に従事していた中堅ゼネコンの技術者から聞いた話は信じがたいものであった。通常、三日間程度は存置する高架橋柱の型枠をわずか八時間で外したというのである。セメントの水和反応が満足に進まないのでコンクリートはスカスカの状態になる。連続している床版の急速施工には移動式型枠が用いられた。通常の存置期間では、柱の施工が追いつかない。後は野となれ山となれという施工管理の放棄行為が起こりうる状況にあった。

本来の責任施工には、発注者側は工事の各段階あるいは最終段階で検査を行って工事目的物を引き取るという歯止めがある。ところが、迫る開業に焦る国鉄は、この受取検査を省略して書類審査ですませた。責任施工の実態は「無責任施工」であったのである。

泣き面に蜂ではないが、施工不良に追い打ちをかけるように高濃度の塩分を含んだ海砂の使用がコンクリートの早期劣化を招いた。この点を最初に指摘したのが一九八四年に放映されたNHKテレビの特集番組「コンクリートクライシス」である。この番組を契機としてコンクリートの耐久性は一挙に社会問題となった。

でたらめな施工と品質不良のコンクリートで建設された山陽新幹線高架橋が、世界でも例のない異常劣化を起こしたのは当然の帰結であった。新大阪—博多間五五〇キロに建設された粗製乱造のコンクリート高架橋やトンネルを、多数の乗客が乗った最新鋭の高速列車が走り抜けているのは何とも不気味な光景である。

技術者の誇りを捨てた国鉄幹部

ところが話はこれで終わらない。第一期工事の構造物に輪をかけて粗製乱造になったのが、途中で第一次オイルショックに見舞われた第二期工事の構造物である。工期は遅れる一方であった。『山陽新幹線工事誌』は当時の異常事態を次のように記している。「発注時点では、用地買収未解決の箇所がかなりあり、設計と現地との不一致、その他による設計変更に次ぐ設計変更を余儀なくされただけでなく、施工中止、工期延伸、追加施工等が重なったが、開業までの残日数から判断すると、ぜひとも工事の促進を図る必要があった。工法及び工程を繰り返し検討した結果、当初契約の工期の大半の変更を要するようになり、工期短縮などによる請負金額の改定等を行った。」

翌一九七四年、春闘アップ率は三三パーセントに達した。人件費は増大し、労働力不足が深刻化した。一九七二年六月の労働省調査によれば、全産業では一三・四パーセントであった労働者の不足が、建設業全体では二一・八パーセントに達していた。とくに各種の工事が集中して行われていた近畿・中国地方ではセメントの価格がそれまでの三倍に急騰した。契約していた工事の採算割れが頻発し、国鉄には請負業者からの請負金増額に関する陳情書が相次いで寄せられた。

しかし、このような異常事態に直面しても、当時の国鉄土木系幹部には、予定された開業に間に合わせることしか頭になかった。山陽新幹線全線の約二分の一がトンネル区間である。前述の高橋局長は、「トンネル工事でも大型掘削機械などを導入して工期の短縮を図った」と誇らしげに述べているが、国鉄のこのような取組み方について請負業者側からは疑問と非難の声が上がった。

山陽新幹線建設当時、鉄建建設株式会社専務の職にありトンネル掘削の専門家であった飯吉精一は、その著書で次のように回顧している。「これらの機械の大型化及び新トンネル工法は、いかにしてトンネルの施工を「早く」するかに重点が置かれているように思う。」「全ての条件が適合した機械が大型化されれば計画上では、それだけ早くできることは間違いない。しかし、機械の大型化だけで、実際に計画上通りの成果があげられるであろうか。第二次大戦の時盛んに叫ばれた日本魂のごとき、精神力のみによってこれを解決しようとする、旧態依然たる考え方が存在しているように思われる。」

一九九九年六月、福岡トンネルでコールドジョイントにより落下したコンクリート塊が「ひかり」の屋根を直撃した。トンネルの覆工コンクリートの一スパン(一〇メートル)の施工サイクルは、コンクリートの流し込み、養生、型枠の除去・移動、据付・段取り、休止などを含めて二日間である。福岡トンネルでは工期の切迫により、これを一日サイクルで行った。そのツケが四半世紀後に回ってきたのである。

高度成長にともなう急激な社会情勢の変化に直面した国鉄は、工期の遅れを挽回するのに汲々としていた。そして、国鉄の土木系幹部には、品質の確かな構造物をつくるという技術者としての使命感が欠けていた。運輸省に働きかけて山陽新幹線の開業時期を六カ月遅らせるという選択肢もあったはずである。なぜ、それができなかったか。

山陽新幹線福岡トンネルで落下したコンクリート塊.
落下した塊の総重量は約 200 kg．写真は割れた一部である.
写真提供)読売新聞社

コンクリート壁の破壊面．全長 2 m，最大深さ（中央部）40 cm，最大幅（左方）65 cm.

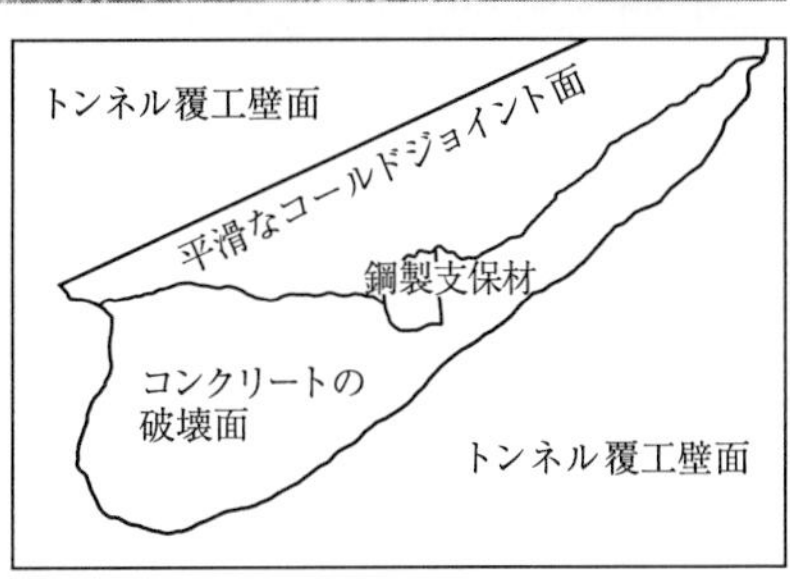

高橋局長ら国鉄首脳は、いずれも第二次大戦中に大学を卒業して鉄道省に入っている。当時の鉄道省は道路輸送や私鉄の監督権も有し、事実上、陸上交通省として君臨していた。一九四三年に運輸通信省に改組されたときも、鉄道総局として監督権限と現業運用権限を維持していた。それが、一九四九年に公共企業体としての日本国有鉄道(国鉄)に改組・独立したときに、現業機関としての法人格を与えられる一方で、権力行使機関としての権限は運輸省に移行され、政府の監督を受ける立場になった。当初、絶大な権限を有していた官庁に入った技術官僚たちは、組織改編によってその当の官庁の監督下で仕事をすることになった。官僚として振るうべき権力はもはやその手になく、ただ鉄道事業という仕事だけが残った。技術官僚から権力を取ったら、ただの技術者である。かつてもっていたシヴィル・エンジニアとしての見識や使命感、広い視野は消え失せ、政府、政治家がお膳立てした施策をただひたすら遂行し、仕事に埋没することに生き甲斐を見出すようになった。

一九六三年三月、田中角栄が鉄道建設公団を設立して新線建設に乗り出したころ、ある国鉄首脳は次のように述べたという。「国鉄における土木技術者は、要するに人間の体におけるガン細胞のようなものだ。ガン細胞は自己増殖機能を持っているから、体がやせ細っているのにガン細胞はどんどん大きくなる。彼らもこれと同じで、経営と一切お構いなく、ただひたすら工事をやりたいという願望を満足させてきた。」

新線建設は政治家に莫大な利益をもたらすが、事業者は大きなリスクを背負う。結果的に、政治家のお先棒を担いで、自身の赤字を増幅させることになった。国鉄のその後の迷走は、世の広く知るところである。

心のこもった構造物は……

一九六四年一〇月、東京—新大阪間五一五キロを三時間で走る東海道新幹線が営業を開始した。五年半の工期と総工費三八〇〇億円を要した国鉄初の広軌鉄道である。一九六五年から七三年度までの九年間で年間輸送人員は三〇七九万人から一億二八〇〇万人へと四倍に激増した。その最大の要因は時間の短縮である。一九七五年には山陽新幹線が営業を開始し、東京―博多間が八時間で結ばれることになった。

日本列島改造論が謳った「日本列島の一日交通圏」が実現したとする見方もあろう。しかし、この区間を高速鉄道で結ぶ計画は戦前からあった。日本国内とアジア大陸の交通政策の一環として、一貫輸送体制の実現を主目的とする弾丸列車構想である。まず、東京―下関間を一二時間以内で走る広軌複線の幹線鉄道の計画が一九四〇年三月の第七五帝国議会で承認された。工期は一五年であった。一九四一年には用地買収やトンネルの掘削が着手された。

一九四三年、トンネルについては新丹那、日本坂、東山トンネルの継続工事が認められ、大高―名古屋間、京都駅、大阪駅および大阪―西ノ宮間、六甲トンネル、姫路―英賀保間、那波(相生付近)―岡山間、岡山駅、尾道―広島間で新たに着工した。戦局が厳しさを増した一九四四年でも新丹那トンネルは掘削した区間の保守工事が行われ、完成した日本坂トンネルは在来線の東海道本線で利用された。

一九五七年に新幹線の東京―新大阪間のルートが決定した時点では、すでに弾丸列車計画によって二〇パーセントの用地が買収ずみで確保されていた。とくに、東京、名古屋、京都、大阪などの大都市駅周辺の用地が確保されていたことは東海道新幹線建設にとって大きな遺産となった。

二〇〇二年八月、セメント協会発行の月刊誌である『セメント・コンクリート』誌に、「開通後三八年を迎えた東海道新幹線」というJR東海の技術者による報告が掲載された。鉄筋コンクリートの経年劣化の指標は中性化の深さである。この報告によれば、三八年経過した東海道新幹線高架橋におけるコンクリートの中性化の深さは平均一五~一八ミリであった。この数値は、品質の高い戦前のコンクリートとほぼ同等であることを示すものである。わずか一〇年にして、この値に達した山陽新幹線高架橋のコンクリートとは著しく対照的である。

両者を分けたものは何か。山陽新幹線の工期内完成を焦った国鉄幹部の姿勢や、東海道新幹線の高架橋工事にコンクリートポンプは使用されなかったことが一因であることは確かである。しかし、東海道新幹線の建設時期と山陽新幹線のそれとの間の約一〇年間に起こっていた、より本質的な要因がある。

それを国鉄部内から見つめていた人物がいる。一九八三年当時、国鉄施設局土木課長であった宮口尹秀(みやぐちこれひで)である。国鉄は『構造物設計資料』という月刊誌を発行していた。一九八三年九月発行の巻頭を飾った宮口の論説、「心のこもった構造物を」は「栄光の国鉄」が凋落していく過程を厳しくあざやかに描写している。少々長くなるが、その冒頭の部分を紹介しよう。宮口はこう述べている。

「昭和三〇年代の後半から、東海道、山陽などの新幹線工事や主要線区の線路増設工事などで、短期間に大量の構造物がつくられた。昨今、この構造物の量産時代につくられたものの中に、まだ経年十数年なのに保守上の問題となるものがいくつか見られる。」「全般的に見てその最も大きな要因の一つは、以前のようにつくる人の心のこもった構造物が少なくなったことだと思われる。」「大量の構造物を工期に追われて産み出していくため、工事担当者は部内外の打合わせ、工事発注業務、事故防止等に忙殺され、設計は全面外注、施工も完全責任施工という状況下では、心のこもった構造物をつくることは望むべくもなかったのであろう。」

そして、つぎにこういう文章がつづく。

「今日、七〇年以上も経った石積み、レンガ積みの構造物で、永年の風雪に耐え、なお健全な姿で務めを果たしているものがまだ沢山残っている。これらの構造物の石やレンガが整然と積まれてゆるぎない姿を見ていると、その構造物がつくられたときの監督員や作業員の魂が宿っているように思われるし、だからこそいつまでも健在なのであろう。」

ここには、芸術作品としてのアウトバーンを追究したトットと共通の想いが込められている。

東海道新幹線の高架橋では、コスト低減と工程の確保を目的として設計の標準化が行われた。構造物の機能を損なわない範囲で設計の合理化が図られた。これは裏を返せば、施工がきちんと行われることを前提とした余裕のない設計である。こうした設計では、施工不良が構造物の耐久性に大きな影響を及ぼす。同じ設計の導入された山陽新幹線高架橋がその典型であった。

しかし、責任施工導入前の東海道新幹線の建設に際しては、設計者・技術者の目が施工過程にも注がれていた。東海道新幹線におけるコンクリート構造物の設計の総指揮を執ったのは、国鉄構造物設計事務所の主任技師松本嘉司である。その後、松本は東海道新幹線建設時代の思い出を随筆風に記している。

「東海道新幹線の或る工事現場で高架橋床版のコンクリートを打ち込んでいた。突然驟雨に襲われた。型枠の上に水が一杯に溜ってしまった。鉄筋は水溜りの中に沈んで見える。コンクリートは次々と運び込まれてくる。その水溜りの中にコンクリートを流し込んだがそこを通るたびにいまでも思い出す。」

当時の設計者は、施工の現場にも目を配っていた。しかし、山陽新幹線の建設ではそうした技術者の影すらも認められなかった。

一般に二番手としてつくられるものは、先頭を切って開発されたものにくらべて、より信頼性の高い優れた性能のものができるといわれる。一番手の経験が生かされるからである。ところが、東海道新幹線と山陽新幹線の場合には、この常識が通用しなかった。山陽新幹線の着工は一九六七年。東海道新幹線の開通からわずか三年である。自らの技術に対する誇りは、このわずかの間に慢心へと変わっていなかったか。その慢心が、技術の真に優れた点を見失わせたのではないのか。私にはそう思われる。

第5章　シヴィル・エンジニアへ

——現代日本とコンクリート

文明化と自然破壊は、人間にとっていわばコインの表と裏、表裏一体のものである。表と出たコインは、次は裏と出るかも知れない。人間は文明化を進めることで自然の脅威に対抗し、それを克服してきた。しかし、文明化という自然破壊によって、また新たな、そしてより厳しい自然の脅威に直面することにもなったのである。

イギリスの大都市や工業地帯では、すでに一七世紀に煤煙や硫黄酸化物による環境被害が問題になっていた。産業革命を経てさらに石炭の消費が増大した一九世紀後半になると、大気汚染はいよいよ深刻化する。

イギリス議会によって世界最初の公害監視員に任命されたアンガス・スミスは、一八七二年、その著書『大気と雨——化学的気象学の始まり』のなかで初めて「酸性雨」という言葉を使い、「大気が酸でひどく汚染されているときには、一ガロンの雨水のなかに二~三グレーンの酸が含まれている……これでは、植物もトタン板もひとたまりもない。石やレンガでさえボロボロになってしまう」と記している。その八年後に、「スモッグの都」として有名になっていたロンドンでは一二〇〇人の死者を出した。元凶は言うまでもなく、「世界の工場」としてイギリスの世界制覇の一翼を担った重化学工業である。

鉄筋コンクリートが誕生したのはちょうどこの頃であった。第2章で述べたように、ドイツの技術者たちは帝国議会議事堂に不燃性の床を採用した。彼らが使用したのは、イギリスが二〇〇〇年の時を越えて復活させたポルトランドセメントであった。伝統ある石や木、煉瓦に代わってコンクリートが文明の発展をささえる必要不可欠の存在になっていった。

しかし、コンクリート建造物も人工物である以上、やはり自然破壊の危険性をあわせもっている。その危険性に細心の注意をはらいつつ、自然との調和に努めたのが、第3章で紹介したトットである。

環境への配慮を怠り、施工管理をなおざりにしてつくられたコンクリートが何をもたらすか。それは高度成長期以後の日本を見れば明らかである。日本は欧米諸国に後れをとったわけではない。ほぼ時を同じくしてコンクリートは社会に根づき、その技術もいまや決して世界で引けをとらない。しかし、欧米諸国では、コンクリート構造物は堅牢で、しかも自然環境と調和しつつ、石や煉瓦とともに文明の礎石としての地位を確かなものとしている。この彼我の差はいったいどこから生じたのであろうか。われわれには何か見失っているものがあるのであろうか。

1　コンクリートから見た日本と西欧

ゲディーゲンのこころ　『新ドイツの心』と題する随筆集がある。ドイツ文学者で駐西独公使やケルン日本文化会館館長を務めた小塩節(おしおたかし)が、三十数年にわたるドイツ市民やドイツ文化との交流を通じて得られた体験を綴っている。その序章で小塩は「堅牢」にこだわるドイツ人の感性について論じ、そこに日本とは異質なものを見出している。その題材は、なんとコンクリートである。

小塩は一九八九年一一月、ベルリンの壁の一角からハンマーで力任せに叩き割って得られた二個の拳大のコンクリート塊を持ち帰った。

「ベルリンのは頑丈そのものでした。ただハンマーで叩いたのでは、びくともしない。ノミやタガネを当てておいて、力いっぱいひっぱたいて、やっとこのかけらをおっかいて参りました。」「なぜ、こんなに固いのか。重戦車が全速力でぶつかっても、ひびひとつ入らない。こりゃすごいや。私は自分でこわごわ叩いてみて、改めてそう思います。」

ベルリンの壁はそんな感慨を抱かせるほど堅かった。そのかけらを見た日本の有名な建築家はこんな感想を漏らしたという。「日本じゃ、ポンプ車で生コンを「打ち込む」というが、実は「流し込む」方法になった。……水と砂と砂利をセメントと撹き混ぜといて、枠組みに流し込む。そのあとをよくつきまぜないから分離しちまって、やわになるんだ。それに、固く捏ねてしまったら、ポンプ車のホースから流れ出ないもんな。このドイツの、ベルリンのを見ろよ。またむやみと固く出来ているよな。これだ、ドイツ製ってえのは。手造りの、ばかみたいに堅牢そのものだ。」

第4章で述べたように、日本ではコンクリートポンプを使うようになってからコンクリート構造物の脆弱化が始まった。そのコンクリートポンプを発明したのは、他ならぬドイツである。一九〇七年のことであった。実用機は一九二〇年代になってドイツとアメリカで開発された。日本では、高度成長期に石川島播磨重工業がドイツからの技術導入による国産化を行ったのを嚆矢として重工業各社が量産し、全国の建設現場をポンプで埋め尽くした。

一九八四年、私は西ドイツのデュッセルドルフ近郊のセメント工場を訪れた際、バスで移動中にアウトバーン拡幅工事の現場を目撃した。そこでは高架橋床版のコンクリート打設に、ポンプではなくバケットとクレーンを用いるクラシックな施工方法で工事が行われていた。くり返すが、ポンプを発明し、実用機を開発したのはドイツである。そのドイツが現在では、コンクリート工事にポンプをあまり使用しないという。ポンプでは堅牢なコ

ベルリンの壁のコンクリート塊.
提供)小塩 節氏　写真撮影)星野富夫氏

ンクリートがつくられないからだそうである。小塩は、「丈夫なベルリンの壁から削り取ってきたコンクリート塊を手にして、私はドイツ語のゲディーゲン（堅牢な）という言葉を思い出します。ドイツ人は、自国製品について「固くて丈夫な、堅牢なメイド・イン・ジャーマニー」ということが多い。ドイツ人は、がっしりした「自己の仕事」に誇りを持つことといったら大変なものです」と述べ、堅牢さにドイツ人の感性のありかを見出している。まさにその面目躍如といった光景であった。

ドイツではいまも数多くの石造建造物が鉄筋コンクリート構造物と肩を並べて使用されている。代表的なものが各地の大聖堂である。そのなかには数百年前に建造されたものもあり、キリスト教の永遠性の象徴となっている。現役の石造建造物は大聖堂のようなモニュメンタルなものばかりではない。社会資本である鉄道や道路においても二〇橋を超える石造アーチ橋が供用されている。これらの橋梁の多くは一八世紀から一九世紀にかけて建設された。その代表的なものが、ゲルチタール鉄道高架橋である。ドイツ東部のラティネスボネ—ライプチッヒ間の鉄道がゲルチ谷を跨ぐところに建設された四層の長大な石造アーチ橋（橋長五七九メートル）で、高さ八五メートルの橋脚は世界最大級の鉄道用石造アーチ橋である。

橋梁工学の専門家である成瀬輝男は、「橋が建設された一八四六～五一年は鉄道建設の初期の時代であったため、「重くて衝撃を与える荷重」を安全に支えることを第一条件に、頑健な石の塊のような構造物が造り上げられた」と述べている。古代ローマの水道橋を想わせる半円アーチの夕日を背にしたシルエットを見ると、二〇〇〇年の昔にいるような錯覚に襲われる。

二〇世紀を迎えてコンクリートの時代に入ったとき、周囲には先輩格である数多くの石造建造物が堅牢さを誇示していた。もともと「堅牢さ」をモットーとしてきた国柄である。ドイツが、コンクリート構造物をつくるときも石造建造物と同様の堅牢さを求めたのは当然の成り行きといえよう。

ドイツ語でコンクリートは「ベトン」という。一時期、ベトンは要塞砲台やトーチカの異名であった。私は、「ベトン」というその言葉の響きを聞いただけで「堅牢さ」を思ってしまう。しかし、堅牢につくったはずのコンクリート構造物は本当に石造建造物のように長持ちするのか。ドイツ人は不安であった。二〇世紀初頭には、配合やセメントの異なるコンクリート試験体を北海海岸に暴露し、数十年をかけて変状を調べる試験を始めている。この種の長期暴露試験はフランスやイギリスなどでも行われたが尻切れトンボに終わった。それをドイツは着実に続行し、国際的にも注目を浴びる研究成果を得た。


このエピソードからもうかがえるが、ドイツ人のもう一つの国民性が完璧主義である。ヨーロッパ諸国やアメリカ、カナダの北部では、高速道路の路面の凍結を防止するために大量の岩塩が散布されている。アメリカでは、この岩塩が路面のアスファルト層からコンクリート床版に浸透して鉄筋を腐食させた。その結果、床版の各所に貫通穴が生じて供用できなくなり、高架橋のある区間が廃墟と化した例もあった。一方、ヨーロッパ諸国では、アメリカのように顕著な被害が生じた様子がない。その原因を探るため、私は一九八三年に関係業界の技術者とともにドイツ、フランスおよびイギリスに出かけた。

これらの国々では道路を管理する行政機関を訪れ、さらに現場の橋梁を視察した。ヨーロッパの国々では年間数百万トンの岩塩を散布しているにもかかわらず、橋梁の劣化はほとんど起こっていなかった。その理由は、道路橋の施工現場を見た途端にわかった。当時、アメリカや日本では床版のコンクリートに直接アスファルトで舗装していた。しかし、ヨーロッパではアスファルト舗装を行う前に、床版のコンクリート面を合成高分子材料によってつくられた防水シートで被覆していたのである。ケルンにあるドイツ交通省の道路研究所を訪れたときのことである。ドイツでは、その程度の防水措置では満足していないという。「これならば大丈夫だ」と言って持ち出してきたサンプルを見て啞然とした。亜鉛メッキを施しているという波形の鋼板の両面をアスファルト防水シートで被覆した、サンドイッチ構造の防水材であった。

一九八二年に西ドイツの交通省道路局が編集・出版した『橋梁を主とした土木構造物の損傷』と題する書籍がある。この本には、五一件に及ぶコンクリート構造物の劣化や工事中の事故例がとりまとめられている。一例ごとに、構造物の設計に関する諸元、工費、劣化や事故の原因と状況、補修方法や処理の顚末、およびこれに要した費用などが記載されている。日本の建設関連の官公庁では考えられない出版物である。当時、私は東京大学の生産技術研究所に勤務していた。たまたま私と同じ研究部に交通工学を担当するドイツ人講師がいた。西ドイツの交通省はなぜこのような書籍を出版したのか、その理由を彼に訊ねてみた。彼はこう答えた。「ドイツ人というのは完全主義で、物事を徹底的にやらないと気がすまない。一度犯した過ちを二度くり返すようなことは金輪際したくない。この本は、そのような意図で出されたように思う。」

ひと呼吸おいてからの彼の言葉はさらに耳が痛かった。

「日本と同じようにドイツも国の財政事情は決してよくないから、無駄なお金は使いたくないのです。」

石の文化と木の文化

日本では高度成長期に建設されたコンクリート構造物の早期劣化が相次いだ。それも、塩害、アルカリ骨材反応、炭酸化という難病である。さらに、施工不良による欠陥をかかえている構造物も多い。このような満身創痍のコンクリート構造物を大量につくった国は、少なくとも先進諸国では他に見当たらない。

早期劣化は高度成長期以降に建設された構造物にも及んでいる。品質は二の次にして、より量産に走った負の遺産である。一例を挙げよう。一九八〇年代には輸送力増強の目的で多くの鉄道在来線に高架橋が建設された。その高架橋からコンクリート塊の落下が頻発しはじめた。二〇〇三年五月、新聞各紙は日本道路公団大阪管内の工事現場で起こった出来事を大々的に報じた。発端は一本のビデオテープである。現場の約一〇〇メーメル手前で運搬車の運転手がホースで生コンに水を加えている。コンクリートを軟らかくするためである。その様子が収録されたビデオテープを入手した公団が、ただちに元請けのゼネコンに工事のやり直しを命じたというものであった。このような行為が以前からくり返されていることを知っていたある団体が告発したのである。

さらに翌日の紙面を見た私はわが目を疑った。その不法加水は、工事に責任をもつ元請けゼネコンの現場副所長の指示によって行われたというのである。施工不良は高度成長期における一過性のものでないことがこれで明らかになった。

ドイツと日本における、このあまりにも大きい考え方の差。それをどのように説明したらよいのか。私は、「石の文化」と「木の文化」の異質性に注目している。

「石の文化」は欧米諸国の文化である。ドイツ、フランス、イギリスなどの国々ではいまでも中世に建設された数多くの石造建造物が使われており、アメリカでも一九世紀に建設された石造の鉄道高架橋や運河施設などが現役である。これらの国々におけるコンクリート構造物の普及は、伝統的な石造建造物と共存する過程を経て行われた。

中世の石造建築の代表的なものは教会建築である。設計したのは棟梁と呼ばれた建築家たちであった。彼らは石工としての修行を積み、石材の性質を知り尽くし、幾何学と力学に精通していた。工事中は現場に常駐した。中世の写本には教会堂や大聖堂の建設現場の挿絵が数多く残されている。これらには必ず、現場でモルタルを練

バベルの塔づくりの建設現場.

出典)阿部謹也：中世の窓から，朝日選書，1993.

っている様子や石工が石材を積み上げている作業風景が描かれている。たとえば、一五世紀末の写本『フランス大年代記』には「バベルの塔づくり」の建設現場の挿絵がある。地上ではモルタルを練っている人や小型の容器に入れたモルタルを肩にしている人が、高所には樽型の大型容器に入れたモルタルを木製クレーンで吊り上げている人や足場の上ではモルタルを練り返している人、さらにはモルタルを塗布しながら石材を積み上げている人、などが描かれている。これらは、近代におけるコンクリート構造物の施工現場の原風景にほかならない。

石造建造物の建設において見逃してならないのは目地モルタルの役割である。目地モルタルにはまず、施工に適した流動性と粘性が必要である。さらに石材を一体化させるだけの強度が要求される。モルタルの配合は、これらの条件を満足するように決められる。そのため、きめ細かい管理が必要になる。ある意味では、現代のコンクリートの配合管理よりも経験を要する。工期も視野に入れながらこの管理を行ったのが、現場で石工や手伝い労働者を監督した建築家であった。一九世紀になるとこの建築家の要求によってポルトランドセメントが発明され、コンクリートが復活した。「石の文化」の国々における堅牢で耐久的なコンクリートの順調な離陸は当然の帰結であった。

一方、日本の建造物は古来から木造であった。木造建造物は火災に弱く、長持ちしない。そのために、日本では建造物を恒久的なものとする考え方が根づかなかった。痛んだり、老朽化したら(あるいはそうならなくても)再生産するという前提にもとづく「木の文化」である。

そうした文化をもつ日本で鉄筋コンクリート構造物が普及しはじめたのは関東大震災以降の昭和初期からであった。第二次大戦が始まるまでの十数年間に建設された鉄筋コンクリート橋の多くは現在も利用されている。これらは、留学や文献図書などを通じて欧米の技術を吸収した学者・技術者によって設計・施工された。

吉田徳次郎という人物は、「木の文化」の中にあって「石の文化」を担おうと努力した土木技術者の一人である。大正から昭和初期にかけて、日本はあらゆる分野で欧米のレベルに追いつこうと必死の努力を払った。吉田は九州帝国大学の助教授時代にイリノイ大学に留学し、戦後にかけての約三〇年間をコンクリート研究に投じて、日本のコンクリート技術の基礎を築きあげた。

吉田の人柄と土木技術者としての姿勢を知る、よいエピソードがある。一九三九年一二月一四日、一五日の二日間にわたって鉄道省建設局主催の「コンクリート設計及び施工打合せ会」が、東京駅丸の内北口の本省八階会議室控室で開催された。二日目、当時東京帝大教授になっていた吉田が、局長をはじめとする鉄道省の技術者を前にして講演を行っている。

「設計、施工に関する注意を一般的に申し上げますと親切、丁寧にと云う二語に尽きて居るように思います。」

冒頭、吉田はそう切り出した。講演記録を見て驚くのは、この「親切、丁寧に」という言葉が九回も出てくることである。そして、つぎの名台詞がつづく。

「良いコンクリートを造るには、セメント・水・及び骨材のほかに、知識と正直親切を加えなければならない。」

不幸なことに、西欧の石造建造物とはちがい、日本の木造建造物とコンクリートには接点が何もなかった。日本の場合、コンクリートは、早急な近代化と富国強兵を急ぐ明治政府の指導の下、欧米からの技術導入の流れのなかで突如登場した。あたかも木に竹を接いだように。それでも吉田は、「木の文化」の日本に、「石の文化」を根づかせようとして努力した。「親切、丁寧に」という言葉は、その努力のなかから得られた彼の実感、あるいは信念であったにちがいない。

吉田徳次郎(1888-1960).
写真提供)社団法人土木学会

『文明の衝突』の著書で知られるサミュエル・ハンチントンは指摘する。

「日本が特徴的なのは、最初に近代化に成功した最も重要な非西欧の国でありながら、西欧化しなかったという点である。西欧化せずに近代化を成し遂げることは、一八七〇年代以来の日本の発展の中心的なテーマであった。その結果できあがった社会は、近代化の頂点に達しながら、基本的な価値観、生活様式、人間関係、行動規範においてまさに非西欧的なものを維持し、おそらくは維持しつづけると考えられる社会である。」

私が運輸省京浜港工事事務所の現場でコンクリートの品質管理に専念していたときのことである。ある技術者が私に何げなく囁いた言葉がいまでも忘れられない。「あまり丈夫なコンクリートをつくるのも考えものだな。われわれの飯の食い上げになるからな。」

吉田のような「石の文化」の担い手たちが目の黒いうちは問題は起こらなかった。しかし、その「石の重し」が消えると「木の文化」が姿を変えて浮き上がった。それが高度成長期以後の日本である。

その典型的な例が、建築分野に蔓延している「スクラップ・アンド・ビルド」の風潮である。現在、日本では東京をはじめ名古屋、大阪、福岡などの大都市を中心に超高層ビルの建設ラッシュがつづいている。首都東京の超高層ビル群の数は間もなく三〇〇棟に達するという。超高層ビルを建設するための旗印が「都市再開発」である。「再開発」といえば聞こえはよい。しかし、その裏には財界の姿が見え隠れする。

こうした動きの源はいまから二〇年前の中曽根政権下のキーワードになった「民間活力導入」にまでさかのぼる。民活論とは、財界が増税回避のための自衛的発想から唱えはじめたものであるが、これが本格化したのは一九八一年三月の第二次臨時行政調査会のスタートを機にしてであった。

当時、私は麻布六本木の東京大学生産技術研究所(生研)に勤務していた。生研の建物は一九二八年に建設された旧歩兵第一師団第三聯隊の兵舎で、日本では最初の鉄筋コンクリート兵舎であった。二・二六事件の際、青年将校らに率いられた部隊の一部はこの建物を出て要人の襲撃に向かった。首都防衛を担う兵舎にふさわしく、建物は堂々たる風格を備えていた。一階の外壁は煉瓦で巻き建てられ、屋上の数カ所には高角砲のための塔屋が設置されていた。青山墓地と同師団第一聯隊のあった防衛庁の間に位置し、霞ヶ関や主要各国の大使館にも近い都内でも超一等地であった。敷地は三万六〇〇〇平方メートル、地価は二〇〇〇億円を超えるといわれた。当然、政府筋からは生研を郊外へ移転させようとする圧力がくり返しかけられた。所内では中曽根首相がお忍びで訪れたという噂が飛び交った。しかし、政府の誤算は二年前に土地の所有権を大蔵省の管財から東京大学に移管したことであった。

私はこの建物で三〇年間過ごしたが、その頑強性を痛感させられたことがある。重量物を吊り上げるために、一階の実験室にホイストを設置することにした。走行用レール取付けのために天井の鉄筋コンクリート梁に削穴していた施工業者が、一向にはかどらない作業に音を上げた。「何十年来、この手の仕事をやってきたが、こんなにガチガチのコンクリートに出合ったのは初めてだ。これを見て下さいよ。どこに穴を開けようとしても鉄筋だらけだ。とてもやってられない」などと言いだす始末である。投げ出されては困るので、三拝九拝してなんとか取付け工事をしてもらった。一トン爆弾にも耐えられるような天井であった。それは、ベルリンの壁のコンクリートそのものであった。

もともと兵舎として建設されたのだから堅牢なのは当然だという見方もあろう。しかし、私はこの兵舎が建設された一九二八年という年代に注目したい。この時期は欧米から輸入された鉄筋コンクリート技術、すなわち、「石の文化」が日本の建築や土木の分野に根を下ろしはじめた時期であった。たとえば、一九二九年に建築学会が「コンクリート及び鉄筋コンクリート標準仕様書」を制定し、その二年後には土木学会が同様な指針を制定している。

ここで再び、「石の文化」を担った吉田徳次郎の言を借りることにする。

「できるだけ強度が高く、水密性と耐久性が大きいコンクリートで、それができるだけ安全に、確実安価に造られるためには、ウオーカブルでなければならない。こういう努力はローマ人が石灰コンクリートを造った時代と今日とで少しも変わっていないと思う。……人類に関するすべてのことが、急激に移り変わっている時代であるが、コンクリートに関する移り変わりは、ごくじみで比較的小さいように思われる、そしてコンクリートが移り変わっているのではなく、われわれが移り変わっているのだと考えられる。」

ところが、吉田らの努力で根づきはじめた「石の文化」は三〇年ともたなかった。高度成長期に「木の文化」へ先祖返りしてしまったのである。なぜ、われわれ日本人はいとも簡単に移り変わってしまうのか。その理由を、日本人と欧米人の自然観の相違から指摘した哲学者がいる。私が旧制水戸高校で「ヨーロッパ精神史」の講義を受けた梅本克己である。戦後の一時期、唯物史観における主体性問題を引っ提げて登場し、当時の代表的な総合誌『展望』誌上で、共産党の哲学者、松村一人などを相手に論陣を張ったマルクス主義者である。

梅本はその著書『唯物史観と現代』においてこう述べている。

「日本人にとって自然は自分の身内のようなものである。颱風などという手に負えぬものがやってくるために、自然を支配してやろうなどという気持ちは起こりにくかったろうが、その代わりまた平常は自然は心やさしい自然である。自然の中にとけこむところに人間本来の姿があると考えてきたのだから、自然の立場にたつといったところでそれこそまことに自然なことだと考えてしまう。自然界と精神界との間に明晰な区別がなく、きしみ合うものがない。

ヨーロッパ人の場合はちがう。そこにはキリスト教というものがはいってきて、自然と精神とははっきり対立するものになっている。その対立の中で神を拒否して人間の底に自然を置くということは、キリスト教にとっては到底承服できないことなのである。日本人の長所はまた日本人の弱点でもあった。その自然感情の中には、すぐれた可能性があると同時に批判的精神の目をはぐらかしてしまう盲点もある。何事も颱風一過で、対立の持続を経ずに自然の中にとけこむ日本人の自然感情の中では、権力と宗教との結合を断ち切る真実の宗教批判の拠点も形成されなかったし、自然との対立を不可欠の前提とする自然科学的理性もきたえあげられなかった。自然との真実の連帯を獲得するためにはまずこの対立をはっきりと意識することが必要である。」

自然との対立を前提とする「石の文化」を体得してきた吉田は、厳しい実験と観察を通じて自然の一部となるというコンクリートの本質を見抜いていた。彼は、現場視察の際にはハンマーを手離したことがなかった。コツコツとコンクリートを叩いて品質の良否を耳目で判定したというエピソードは、いまだに語り継がれている。

しかし、それを「神話」としてしまったのは、高度成長期の真っ只中に大学を出て、新たな「木の文化」の担い手となった者たちであった。そのなかには、私がコンクリート構造物の早期劣化を警告したとき、「必要以上に耐久性の優れた構造物をつくるのは合理的でない。供用期限に達したちょうどそのときに壊れるような構造物をつくるべきだ」と主張したコンクリート学者がいた。コンクリートを触ったこともない人物であった。

2　土建屋とシヴィル・エンジニア

世間では、建設関係の公共事業に携わる人たちを「土建屋」と呼ぶことがある。この呼び名はあまり良い響きで聞こえない。バブル期に暗躍した不動産業の「地上げ屋」よりはましであるが、高度成長期にマネービルと称して庶民の虎の子を掠め取った「株屋」とそう変わらない。日本では、公共工事の受注をめぐる談合や贈収賄事件が絶えず新聞紙面を賑わす。場合によっては政治家も関与し、暴力団の影もつきまとう。一般に、「土建屋」といえば、このような不正事件に関わる建設業者を指す。「土建屋」の活動には、公共工事の発注者、さらには地方自治体の首長の「天の声」も加担する。そして、産・官・政が三位一体となって税金を掠め取る。このようなシステムにかかわる建設業の体質が「土建屋」と呼ばせる由縁なのであろう。

しかし、本書で取り上げたい「土建屋」はこのようなシステムに直接かかわる建設業者ではない。「土建屋的体質」をもっている中央官庁の土木官僚、公共工事の発注者、さらには産・官・政の鉄のトライアングルをささえる大学教授たちである。これらの人々には共通点がある。その多くが大学の土木工学科出身で、一般には土木技術者に分類される人々である。

土木作業には危険をともなうものも多い。世間一般では、土木技術はローテクの最たるものであると思われている。一例を挙げよう。私の恩師が現役時代の話である。危険が多いトンネルなどの工事現場にロボットを導入する委員会が土木学会に設置されることになり、各分野の専門家に協力を依頼することになった。恩師が協力を打診したある機械工学の専門家の第一声は衝撃的なものであった。「えっ？　土木に学会があったんですか？」

恩師の嘆いた次の言葉はいまでも忘れられない。

「君、土木に対する世間一般の評価は、この程度のものなんだよ。」

これまで何度か経験したことであるが、専門外の人に「どんな仕事をしているのか」と尋ねられることがある。「土木工学の研究だ」と答えると、相手は一瞬困惑した表情で「それはいろいろと大変ですね」と応じて話題を変える。ところが、欧米で同じ質問を受けたとき「シヴィル・エンジニアだ」と答えると、相手の表情は途端に和む。「シヴィル・エンジニア！　それは素晴らしい職業だ」と、何かと親しげに問いかけてくる。

「土建屋」とともに、ここでもうひとつ考えてみたいのは、その「シヴィル・エンジニア」についてである。シヴィル・エンジニアは日本語では土木技術者である。しかし、日本における「土木技術者」と西欧諸国における「シヴィル・エンジニア」とは、その社会的評価において明らかに差がある。西欧諸国、とくにアメリカやイギリスのシヴィル・エンジニアは、弁護士や税理士に比肩する存在である。

なぜこれほどの差があるのか。その疑問を解くためには、西欧諸国における土木技術の発展とシヴィル・エンジニアが誕生した過程を明らかにし、なおかつ日本の建設業に存在した暗部に目を向ける必要がある。

シヴィル・エンジニアがいる国々　欧米諸国における土木技術の発展過程は基本的に二つのパターンに分かれる。フランスに代表されるヨーロッパ大陸諸国と島国イギリスのパターンである。

土木技術によって建造された代表的な構造物を挙げてみよう。古くは、二〇〇〇年前にローマ帝国が建設した道路、橋梁、上下水道施設、人工港、共同住宅などがある。いずれも、ローマ文明をささえる社会基盤となったが、その一方で、軍事的な性格を帯びたものもあった。道路と橋梁である。近代に入ってからは鉄道がこれに加わる。これらの交通施設は、未開の地に文明の恩恵をもたらす役割を担ったが、周辺国への軍隊の速やかな移動という軍事目的にも使用された。道路や橋梁をつくる技術者は土木技術者であると同時に工兵隊の将校でもあった。

フランスの土木技術者は、大陸諸国における土木技術発展の典型的なパターンである。フランスではやがて、政府主導で公共事業を取り仕切る土木技術者を養成するようになる。その象徴的な存在がエンジニア・エコノミストである。

一方、イギリスの土木技術者を育成したのは、当時、イギリス社会の統治階級であったジェントルマン層に属する大土地所有者や貴族たちであった。ジェントリと呼ばれた彼らは、海峡の彼方のフランスが政府主導で行った公共事業を民間主導のもとで行った。その背景には、産業革命の推進役になったキャプテン・オブ・インダストリの存在がある。アークライト、ワット、スティヴンソンに代表される発明家や事業家たちは比較的低い身分の生まれで、高い学歴はもっていなかった。ブリッジウォーター公爵の依頼を受けて一八世紀に多くの運河を建設した水車大工のブレンドリーもその一人である。

ではまずは、公共事業を政府エンジニアが取り仕切ってきたフランスについて見てみよう。フランスでは一七世紀後半から一八世紀前半にかけて土木技術が著しい発展を遂げた。その過程を、一七世紀後半を代表するフランスの土木技術者セバスチャン・ヴォバンの足跡から追ってみたい。

フランスでは、ルイ一四世の時代に一〇〇を超える要塞を国境付近に構築した。これらの要塞構築の総指揮を執ったのが、一七歳で軍籍に入り、フランス要塞総指揮官を経て陸軍元帥になったヴォバンである。彼の多角形や星形の要塞は、中部ヨーロッパの多くで模倣された。函館の五稜郭もヴォバン型要塞である。

ただし、ヴォバンの名声を高めたのは要塞構築にかぎらない。一六六二年、ルイ一四世がイギリスから買い戻したダンケルクに本格的な港湾を建設したのは彼である。それまで、ダンケルクのような砂浜に築港することは不可能とされていた。港湾建設以降、ダンケルクはフランス第三の港湾都市として繁栄する。第二次大戦の際、壊滅寸前のフランス軍を尻目に、イギリス軍はこのダンケルクからドーバー海峡を渡り、本国へ落ちのびていった。総勢三〇万にものぼるイギリス軍が一路ダンケルクを目指したのは、ここにヴォバンのつくった港があったからである(もっとも、撤退の際にはドイツ軍の攻撃によって港湾施設は破壊されていたのであるが)。

セバスチャン・ヴォバン(1633-1707).
出典) The Warren J. Samuels Portrait Collection at Duke University.

後世に与えた影響から考えると、土木技術者の地位確立に努力したことこそ、ヴォバンのもっとも評価されるべき点である。一六七五年に設立された軍事技術者集団は、彼が時の軍事大臣に意見具申して実現させた組織である。軍事技術者集団の設立をきっかけにして、海軍技師には海事建設者として「エンジニア」という称号が与えられるようになった。フランスではまず、この軍事技術者集団を母胎として土木技術者の地位が確立された。一七一六年には、公共土木事業を中央集権的に管理する統一的な体制を創出するために土木公団が設立された。財務局の下部機構であった公共事業の管理組織を独立させ、土木専門の技術者を配したのである。ここで、組織上、軍事技術と土木技術の分離が行われた。

土木公団のエンジニアの基本的な仕事は交通網の体系的な管理であった。最良の方法で工事を行うだけの技術力をもった請負業者を選択したり、工事が契約に従って行われているかどうかを監督する。技術能力よりもむしろ管理能力に大きく比重が置かれた。ところがそのために、技術的知識において請負業者に対抗できないようなエンジニアや、両者が結託して工事費の一部を横領するケースも出てきた。このような弊害を除去するために、十分な技術的能力をもつエンジニアの養成が不可欠になり、一七四七年、国家教育機関として土木学校が開校した。

土木学校を卒業した学生は土木公団のエンジニアとなり、民間のエンジニアとは別格の扱いを受ける。彼らはフランスで最高の地位を占める理工系の官僚であった。国家の指導者としての自負をもっており、公共事業の企画作成を第一の職務としていた。それには公共経済学の素養が必要不可欠である。フランスでエンジニアでありながら経済問題を取り扱うエンジニア・エコノミストと呼ばれる人々が生まれたのにはこうした背景がある。

フランスのエンジニア・エコノミストの歴史をさかのぼると、再びヴォバンが登場する。アンシアン・レジームの当時、ヴォバンが強い関心を抱いていたのが国の経済のありかたであった。重商主義者でもあったヴォバンはエンジニアのあるべき姿について次のような言葉を残している。

「エンジニアは石工であり、大工であり、錠前師であるとともに経済学者でなければならない。」

ヴォバンが生きた時代は石造建造物の時代、すなわち石工や大工を率いた棟梁たちが幅を利かせていた時代であった。当時のフランスの土木技術者はすでに社会全体を見すえる幅広い視野をもっていたことがわかる。

さて、つぎにドーバーの対岸に目を転じてみよう。イギリスの産業革命史を紐解くと、一八世紀に起こった新しい産業の中でもっとも重要なものは土木事業であるとされている。ただし、イギリスにおける土木技術の発展はフランスに約一世紀遅れた。四面が海という軍事的好条件から、フランスのように要塞や交通網の整備に奔走することなく、海外での植民地獲得に専念していたからである。

ところが、一七七〇年代になると、構造物の設計を行い、施工を監督するコンサルティング・エンジニアが台頭するようになった。このコンサルティング・エンジニアを独立した専門職として確立させたのが、第2章に登場したスミートンである。一七五九年にエディストーン灯台を完成させたスミートンは、その後約二〇年間にわたって、運河、橋梁、桟橋、防波堤など、数多くの土木構造物の建設を手がけた。一七六六年に完成させたコールドストリーム橋や、一七六七～七〇年に建設したプリマスの西九五キロにある「スミートンの防波堤」は現在も供用されている。

スミートンが活躍した一八世紀中頃、「プロフェッショナル」という言葉は、技術者の経歴と結びつけて使用されていた。スミートンは、四〇年間にわたるコンサルティング・エンジニアとしての業績を背景として、自分自身を正式なプロフェッショナルであると宣言した。彼は、プロフェッショナルが具備すべき条件を示している。確固とした設計思想、職業人としての倫理、業務を組織的に遂行する能力である。彼は、ある報告書の冒頭にこう記している。「私に与えられた課題に対して、プロフェッショナルとしての意見を報告する機会を得た。」「私がコンサルティングを求められた課題に対して、私は完全に自由な立場で私自身の意見を開陳する。」

当たり前ではないかと思われるであろう。しかし、現在の日本において、この立場を貫いている土木技術者はいったい何人いるであろうか。

スミートンはコンサルティング・エンジニアとして、民間企業家と彼らに直接雇われる請負者との間に入って、設計、施工管理を行い、さらに金銭や雇用関係の問題を公正かつ中立な立場で処理し、双方に適切な助言を与えていた。現在、英語圏内での標準的な土木工事契約（FIDIC）の基本原則である「発注者―コンサルティング・エンジニア―請負者」という三者関係の源流はここにある。

自らの肩書に「シヴィル・エンジニア」という名称を初めて用いたのもこのスミートンである。一七六八年、彼が携わった最大の土木事業であるフォース・クライド運河建設の最終報告書のタイトルページに、彼は「JOHN SMEATON, Civil Engineer, and F. R. S.」と署名した。シヴィル・エンジニアという名称は文明化の担い手であり、社会基盤を整備する技術者であることを表している。当時、弁護士や医師の報酬は、金貨五ギニーであった。スミートンは、自分がこれらの職業とまったく同列の専門家であるという確信のもとに同額の報酬を獲得した。

スミートンが、国家の発展とシヴィル・エンジニアという職業の確立を目的として、仕事の遂行にあたり揺るぎない姿勢をもって貫いた原則がある。それはつぎのようなものである。

「土木技術は芸術と科学の二つの側面を備えている必要があり、シヴィル・エンジニアの責務は依頼者の要求をできるかぎり安全かつ経済的に実行するために、全力を尽くしてこの両面を発展させることである。」

A

REVIEW

OF

SEVERAL MATTERS

RELATIVE TO

THE FORTH AND CLYDE NAVIGATION,
as now ſettled by ACT of PARLIAMENT:

WITH

SOME OBSERVATIONS on the REPORTS

OF

Meſſ. BRINDLEY, YEOMAN, and GOLBURNE.

By JOHN SMEATON, CIVIL ENGINEER, and F. R. S.

[*Publiſhed by order of a General Meeting of the Company of Proprietors of the* FORTH *and* CLYDE *Navigation* (*1ſt November* 1768.) *for the uſe of the Proprietors.*]

「シヴィル・エンジニア」の署名があるスミートン報告書のタイトルページ.
出典)Skempton, A. W. ed.: *John Smeaton, FRS*, Thomas Telford, 1981.

こんどはさらに大西洋を渡ろう。シヴィル・エンジニアが社会的に高い評価を受けて活動しているのがアメリカである。スミートンがめざしたシヴィル・エンジニアをひとつの制度として確立したのは、この大西洋の果ての国であった。

アメリカでは、発注者側に立って設計、施工管理、運営、財務などを取り扱う組織がそれぞれ別個に存在する。これらコンサルタントの集団をアメリカでは「エンジニア」と称している。エンジニアは、請負者の選定から工事の完成まで全体を管理する。請負者は発注者と直接契約を結ぶが、エンジニアの管轄のもとで工事を進行させる。一九六〇年代の後半からは、これらの関係の全体を調整するコンストラクションマネージメント(CM)というプロジェクト方式も発達、普及してきた。CMを行うプロフェッショナルを、コンストラクション・マネージャー(CMR)という。彼は発注者に雇われ、エンジニアや請負者の選定、契約業務の実施を管理する。発注者と対等に近い立場で計画段階から助言を行うことができる。

このように整備されたアメリカの制度で重要なポイントは、発注者と請負者の契約方法である。欧米諸国ではふつう一般競争入札が行われる。入札広告は関係雑誌等の紙面に掲載され、参加希望者は所定の場所に出向いて発注者側のエンジニアが提示した詳細な設計や仕様書などを入手する。この時点で発注者は、応札者が自らの入札価格を決められるだけの資料を公開する。応札者はこれらの資料を綿密に検討する。いったん落札して施工を開始したら、設計や単価の変更は原則として認められない。工期を遅延した場合には損害賠償が科せられる。

指名入札の日本では限りなく予定価格に近い最低札者が落札するが、アメリカでは予定価格とは無関係に最低札で責任をとれる応札者が落札する。要するに、可能性のあるリスクと利益をいかに見込んで、競争力のある入札価格を設定できるかが勝負で、請負者の技術力と情報収集能力が問われる。請負者の技術力が構造物の価格を決めるのである。

落札した請負者はこの価格に責任をもつ義務が生じ、発注者もエンジニアという代理人を現場に密着して派遣し、請負者の提示した価格、内訳に沿った実行予算を監督する。発注者と請負者との間に立つエンジニアは、発注者の立場から請負者を管理し、双方の利害関係の調整を行う。

アメリカの公共工事ではエンジニアの果たす役割が大きい。アメリカでは談合は犯罪であり、厳重な処罰の対象になる。日本のように、政治家が介入できる場など存在しない。

在ニューヨークの建築家で元日本建築家協会会長の圓堂政嘉は、次のように述べている。

「米国においては公共工事の土木技師は極めて名誉な職業である。一般に建築家よりも社会的地位は高い。台風や地震で大型の橋が倒壊した時、設計責任者は公共への責務に殉じて自殺することもある。」

ひるがえって日本の土木技術者の場合はどうか。たとえば、阪神大震災で倒壊した高架橋の設計・施工に関し、だれが責任をとったか。官と一体になって臭いものに蓋をするだけではなかったか。「土建屋」と呼ばれる由縁である。

監獄部屋——日本建設業史の暗部　「臭いものに蓋」という体質は自らの歴史にも及ぶ。ひたすらつくるという日本の土木業界の風土が生んだ知られざる汚点がある。それは、大正年代における建設労務者の収容施設であった「監獄部屋(通称、タコ部屋)」の存在である。

第二次大戦前、日本資本主義の発展過程と位置づけをめぐって論争が行われた。その一方の理論的支柱となったのが山田盛太郎の著書『日本資本主義分析』である。そこに、囚人労働の実態が詳細に記されている。

「囚人の充用には数量的、地域的、制度的の制限がある。従って、別途によって、半農奴的零細耕作から流出する窮迫民群を、相似の労役制値形態へと再編成することが必然とせられ、かくして、制規の作用の下に、囚人労働形態の再出に外ならぬ所の監獄部屋、納屋制度＝友子同盟＝人夫部屋の形態の普遍化が行われる。納屋制度の典型は、炭鉱はじめ鉱山一般に。「友子同盟」の典型は金属鉱山坑内夫に。人夫部屋の典型は鉄道建設、護岸、築港、伐採、後、水力電気工事に。」

監獄部屋は、山田のいう人夫部屋に相当する。山田はそれを「窮迫民群を消滅する囚人労働「以下」的の形態である」と断じている。

監獄部屋の発生源は「飯場制度」である。飯場制度とは飯場頭を中心とする労働請負制度で、近代日本の土建業でもっとも一般的な制度であった。その機能は大別して労働力募集、作業監督、生活管理の三つからなり、事業主が労働面には直接関与することなく、一定の契約ですべてを飯場頭に一任する。飯場は、統轄者としての飯場頭と中間幹部としての棒頭、助役(すけやく)などが中心となり、それぞれに労務者が分属しているのが一般的構成であった。

飯場に収容されていた労務者は人夫、または土方と呼ばれ、賃金を手にすると町に下って一晩で使い果たすという者が多かった。世間では荒れくれ者の集団のように思われていた土方たちすら恐れるもの、それが監獄部屋であった。

彼らは何を恐れたのか。誘拐あるいは甘言のために連れ込まれたら最後、外部との交渉は完全に断たれる。未明より手許の薄暗くなるまで終日酷使され、休暇は一切与えられず、万一病気に罹ってもよほどの重病人でなければ医薬も与えられないのである。

一般に、土工部屋や飯場は、なるべく工事現場に近い場所に設けられた。しかし、監獄部屋は工事現場から離れ、三方が山で囲まれている断崖絶壁、裏が谷や川の場所、さもなければ人家から遠く離れたところを選んで設置された。収容した人夫の逃走を防ぐためである。

労働時間は一三〜一四時間。午前四時頃に起床させられ、朝食後ただちに労務に服し、午前一〇時昼食、午後二時に中間食、午後六時か七時頃に終わって、夕食を喫して初めて休息を取ることができる。仕事中は人夫六〜一〇人に棒頭、警戒人が一人あたり、仕事の世話役をかねて見張番として張り付き、少しでも手を休めればただちに殴打する。雨天でもよほどの大雨でなければ決して休ませない。降雨でも雨具もなしに酷使するから病人も出る。しかし、いよいよ動けなくなるまでは休ませない。本当に働けなくなった者は、五〇銭か一円の金に握り飯二、三食分を与えて追い出す。行き倒れて野垂れ死にしようが、一切おかまいなしである。

宿泊部屋では、数十人、あるいは一〇〇人以上の者が雑魚寝する。薄べり敷で部屋の周囲は荒削り板か丸太の粗造である。このような劣悪な労働環境のために病傷者、死亡者は他の労働現場とは比べものにならないくらい多かった。囚人と何ら変わりなく、監獄と同様であるという理由で、人夫たちの間では監獄部屋と称され、恐れられていた。

監獄部屋の所在地は、鉄道、道路、築港、河川工事などがさかんに行われていた北海道の現場がもっとも多く、本州では栃木、群馬、福島、新潟、宮城、山形、長野の各県の水力発電所や鉄道切替え工事の現場、さらには遠く樺太の鉄道、築港、発電所工事の現場にまで及んだ。作業の内容は、土工や砂利採取などショベルを扱うものが多く、コンクリート工では正味一七〇キロのセメント樽の移動や解体などの作業をともなった。

北海道のみでも監獄部屋に収容された人夫は年間一万数千人から二万数千人に達した。北海道警察部は大正八年分の傷病死者二万二五三九人のうち、外傷六一一、病気三二二八、死亡三一三と発表している。

監獄部屋に収容された人夫は、どのようにして集められたのか。おもな人夫勧誘地は東京を中心として、横浜、宇都宮、前橋、高崎、水戸、仙台、青森、静岡、名古屋、大阪、神戸、下関などの各市である。そこに募集屋および募集屋の出張所が設置されていた。九州方面は福岡市を中心として遠く朝鮮にまで手を拡げていた。東京市におけるおもな人夫「募集」の場所は、浅草公園が第一で、吉原土手の今戸公園、上野公園、日比谷公園、芝公園、あるいは各区の木賃宿区域などである。募集屋の人夫曳きはこうした場所にそれぞれ出張して、自由労働者、失業者、田舎者、苦学生などの足許をうかがっていた。

人夫曳きは、一見、請負師風に装って親切げに話しかける。「目下、何々工事の仕事だが、竣工契約期限が切迫している。人夫が大不足で困難しているから行って働かないか。日給は食費寝具総て、親方持ちで、最高が金弐円、次が壱円五十銭、最低が壱円三十銭だ。」相手が苦学生ならば、こう切り出す。「君、失礼だが文字が書けますか、書ければ良い金儲けがあるが行かぬか、場所は福島県猪苗代湖畔の水力電気工事だ。仕事場は、大会社で信用のある猪苗代水力電気株式会社の仕事で、今、帳場係に欠員ができて、親方が非常に多忙で困っているから必ず優遇される。帳付といっても別に難しい仕事ではない。日々仕事に出た人夫の氏名や仕事割、それに人夫に渡した日用品の記入などで多少文字の出来る人なら容易なことだ。」ついうかうかと口車に乗ると人夫募集屋の家に連れていかれる。入ったら最後、すぐ二階へと追い上げられて、監禁されてしまう。

工事現場に出発するまで募集屋に監禁される期間は長くて二、三日、早いときには午前中に連れ込まれて午後には目的地に出発する。一五〜三〇人を一団として送致するので、それだけの人数がまとまる間を待つのである。誘拐した人夫曳きは、停車場で人夫を監視する。汽車の発車と同時に人夫曳きは請負金の残りを受け取って、お役御免となる。乗車中は列車の前後の出入口に一名、内部中央に一名、合計三名の人夫護送人なるものが見張りにつき、脱走飛び降りなどを警戒している。切符などは決して持たせない。到着駅には人夫の数に応じて現場の棒頭、警戒人、人夫元請人の若い衆などが迎えにきていて、ともに現場まで護送する。見張りたちは、人夫の引渡しがすむと請負金を受け取って帰京する。ここで募集屋の責任は完全に解除される。

これは人身売買である。募集屋は下請建設業者の依頼を受けて人夫を「募集」する。募集屋には元請負人夫募集屋(請負業者に信頼のある資金の運転ができる者)、第一人夫募集屋(各人夫募集の都市の顔役か下請業者上がりの者)、第二人夫募集屋(口入れ業者)、人夫曳き(各募集屋の使用人)などの中間者がいる。人夫一人あたりの手取り金は、北海道行きの場合、人夫曳きが一五円、第二人夫募集屋が三五円、第一人夫募集屋が六五円、元請負人夫募集屋が一〇〇〜一二〇円である。まさに中間搾取である。当時の大学卒役人の平均月給は八〇円程度である。人夫募集屋がいかに暴利を貪っていたかがわかる。

監獄部屋の取締りにあたったのは警察官憲であったが、その存在と実態を少なからずつかんでいながら、にわかには摘発できなかった。募集屋を通じて人夫を集めた元請負業者は概ね各地財界の有力者であり、ある者は土地の県会や中央政界にまで勢力を張っていたからである。大正末期に監獄部屋解放の先駆者であった白石俊夫が、当時の福島県知事宮田光雄に実情を直訴した。宮田は調査に乗り出し、県下の監獄部屋の検挙を行った。そこへきて内務省社会局も取締規則を公布し、日本の近代奴隷制度はようやく姿を消した。しかし、その間、十数年の歳月が過ぎていた。

なぜ土建屋と呼ばれるのか

土木技術者の仕事が他の工学技術者のそれと大きく異なる点は、道路、鉄道、港湾、河川整備などの公共性が高い施設を国家予算によって建設するところにある。日本は明治から昭和初期にかけて鉄道建設を重点的に行い、それと並行して治水や港湾の整備を急ピッチで進めた。その結果、第二次大戦直前までの七〇年間で近代国家として必要最小限の社会基盤は整い、欧米諸国からの遅れを取り戻した。これを可能にしたのが、鉄道省、内務省による直轄・直営方式であった。鉄道省と内務省の土木技術者たちは、欧米の技術水準に追いつくために懸命の努力を払い、国土の整備を行った。それはたしかに、土木技術者が重い社会的責任を負っているという自覚と誇りをもって仕事に身を捧げていた時代であった。

しかし、その時代は、各地の工事現場で監獄部屋が存在したときでもあった。現在の目で過去を断ずるのは慎むべきだが、その実態にいったいどれだけの土木技術者が目を向け、声を上げたか。土木技術者の仕事には現場労働者の存在が不可欠である。ましてや現場に足を踏み入れない土木技術者などいない。監獄部屋の存在を知らなかったはずがないのである。

では、当時の日本における土木技術者の社会的評価はどうであったか。私の父は、一九二五年、現在の東北大学土木工学科の前身である仙台高等工業学校土木工学科を卒業して鉄道省に就職した。生前、父から聞かされた話では、土木を志望することを知った親戚の人たちは猛反対したという。親戚筋は、どうして電気や機械ではなく、土木などという職業を選ぶのかと思ったらしい。当時、新聞は、鉄道建設や発電所工事における監獄部屋の実態を報じていた。やくざとのつながりをもついかがわしい職種というイメージがあったからである。

土木技術者の側からすれば、それは誤解と偏見であるかも知れない。しかし、「臭いものに蓋」という土木業界の悪しき体質を、世間は敏感に感じ取っているのである。しかも、そうした世間の評価を払底するだけのことを、土木技術者は行ってこなかった。日本の土木技術史を扱った本には、技術がどのように発展し、国土がいかに整備されていったかは書かれていても、監獄部屋のような末端の労働現場に関する記述は少ない。『日本土木建設業史』はそうした過去の暗部に目を向けようとしている数少ない一例である。同書には、「昔の建設業界の回顧」と題する座談会が収録されている。その中で、当時、鉄建建設の専務であった飯吉精一は次のように述べている。「例えば社会的な問題で、われわれ建設業者が世間の人気を悪くしたのが、例のカンゴク部屋だろうと思うのです。」飯吉は昭和の初めに東京大学の土木工学科を卒業すると建設会社に就職し、旧満州を含む各地での建設工事に従事した経験をもつ。
日本の土木技術者は、プロフェッショナルなエンジニアとしての地位を得られないのみか、高度成長期以降は「土建屋」とまで呼ばれるようになった。私たち土木技術者はともするとそれを憂えるばかりだが、自らの「われ関せず」という姿勢がつづくかぎり、私たちはこの呼び名に甘んじなくてはならないのであろう。

それにしても、いったいどこでボタンをかけちがえたのか。その根源を探ると、ひとりの人物にたどりつく。第2章で登場した古市公威である。古市は「日本近代土木の祖」とされている人物でもある。東京開成学校の第一回卒業生で、文部省最初の官費留学生として一八七六年にはフランスへ渡った。

ただし、古市が留学したのは土木学校ではない。民間のエンジニアを育成するために創設された中央工芸学校である。工業化の進展にともない、抽象度の高いエコル・ポリテクニクの教育に不満を募らせていた産業資本家たちが自ら設立した技術者養成機関である。日本でいえば、東京工業大学のルーツである「職工学校」に相当する。海外からの留学生はみなここで学んだ。そもそも土木学校は、土木公団の政府エンジニアを養成する機関で、その入学資格はエコル・ポリテクニク卒業である。日本では知名度の低い、格も一段劣る中央工芸学校で土木の実務を学んだだけでは文部省第一回留学生として箔が付かない。古市は中央工芸学校を卒業すると、土木とはあまり関係のないパリ大学理学部に入学し、理学士の学位を得て帰国した。帰国後は内務省の能吏として行政的手腕を発揮し、さらに山県有朋の知遇を得て貴族員議員や男爵に列せられた。
古市は工科大学(東京大学工学部の前身)の初代学長や土木学会初代会長を務めるなど技術者の教育制度の整備に大きく貢献したが、学者としては見るべき業績はなく、また土木技術者のあるべき姿を後世に伝える存在でもなかった。当時の留学生たちの労苦は鷗外や漱石の筆の語るところからも知られる。国の威信と将来を背負っての異国での孤独な生活は、相当な重圧であったにちがいない。しかし、古市の行跡を見ると、土木公団のエンジニア・エコノミストたちが活躍していた時代のフランスに留学したにもかかわらず、彼らとの交流を通じて公共事業を推進する政府エンジニアとしての役割を学んだ形跡は見あたらない。帰国後、行政官僚としては大活躍したが、シヴィル・エンジニアとしての識見は身に付けていなかった。このことは、横浜築港事件を取り上げた帝国議会において政府委員として卑劣極まる答弁をし、死んだパーマーに責任を押し付けたことからも明らかである。

明治政府の能吏にすぎなかった人物を「日本の近代土木の祖」と仰ぎ、そのことに疑問すら抱いてこなかったことに、現在、日本で土木技術者が「土建屋」と揶揄される素地がある。しかし、日本にもフランスのヴォバンやイギリスのスミートンのような社会的な広い視野と土木技術のあるべき姿を追求した先達がいたはずである。それにもかかわらず権威によりかかるばかりで、そうした技術者たちを正当に評価してこなかったところに、日本の土木技術者の真の不幸がある。

権威主義は権力への従属をともなう。戦後の土木官僚が政治家と結託して工事予算の獲得に精を出し、国家予算を破綻寸前の状態にまで追い込んだ過程を追ってみよう。

田中角栄が自民党幹事長になった一九六九年、「新全国総合開発計画(二全総)」が閣議決定された。「列島改造論」で展開した日本列島を一日交通圏にするという構想の実現を図ったのである。田中がとくに力を入れたのは道路である。全国総合開発計画は概ね八～一二年ごとに更新された。一九八七年に閣議決定され、バブル経済の引き金になった四全総は高規格道路の建設目標をおよそ一万三〇〇〇キロとした。このような公共事業を具体化させる実施計画が一九五〇年代に始まった「五ケ年計画」である。高度成長の達成に必要なインフラの整備を急ぐためであった。五ケ年計画はほぼ四年ごとに改正されて第一一次五カ年計画(一九九三〜九七年)にいたっている。

暴走をつづける日本の公共事業システムを解明し、日本を破産から救うための道筋を提言しつづけている五十嵐敬喜は、著書『公共事業をどうするか』のなかでこう指摘している。「どのように遅く見ても第八次(一九七八〜八二年)までで高度経済成長へのインフラ整備としての道路五ケ年計画の使命は終わっていた。」ところが第一一次計画では、七六兆円という日本の国家予算にも匹敵する費用が計上された。

なぜ、このように道路をつくりつづけ、つくりつづけようとするのか。日本の道路建設が政治家主導によって行われてきたからである。私はある年、大学のクラス会で、建設省の道路局長を務めている同級生の一人と顔を合わせた。彼は問わず語りにこうつぶやいた。「俺はいろいろと忙しいんだ。毎週、目白御殿に顔を出さなければならないしな。」目白御殿とは、田中角栄の私邸のことである。官公庁に就職した土木工学科出身者のおもな業務は、予算の獲得と有力政治家の意向に沿った予算の配分である。これではもはや土木技術者の仕事とはいえない。自民党政治家に仕える行政官僚に成り下がったのである。

当時の建設省の事務次官(法科系と一年交替)、技監、道路局長、河川局長は土木工学科出身の技術官僚の指定ポストであった。これらに、天下り先の道路公団、鉄道建設公団などの建設関連公団の総裁ポストも加わる。こうしたポストにある技術官僚は必然的に自民党の政治家、なかでもいわゆる族議員と関係を深める。官僚たちは工事を行いたい。政治家にとっても、新しい公共事業の創出ほど選挙民に喜ばれるものはない。ここに政治家と技術官僚との間にもちつもたれつの関係が生まれる。彼らは、破綻寸前の国家財政など目もくれず、ひたすら五ケ年計画に盛られた公共事業費の確保に狂奔した。

表面的には官庁間の縄わばり争いと見えるが、より根源的な原動力は背後にひかえる数百万人の土木一家をささえるという潜在意識である。彼らには、国家の将来を見すえた識見や国民に奉仕するという公務員の使命感のかけらすらも見いだすことができない。

官僚たちの多くは官職を去った後は大手ゼネコンの役員に天下る。天下った先での役割は、利益の大きい公共工事の企画段階における情報の入手である。勝手知ったる古巣からの情報収集はいともたやすい。利益の一部は、ゼネコンから政治献金として政治家の手に渡る。ここに公共事業を舞台にした政・官・産の鉄のトライアングルによる税金横流し機構が形成される。自民党の有力政治家のおメガネに適った技術官僚は、自民党推薦の地方選出国会議員への道も用意されている。後輩に顔を利かせて、少しでも多くの公共事業費を持ってくることが期待されるのである。東大土木工学科の同窓会名簿に常時五〜六名の国会議員が名を連ねているのはなんとも異様である。

一方、ゼネコンを就職先に選んだ人間たちはどのような状況に置かれたか。土木工事は地盤の状態、物価の変動など多くの不確定な要因の影響を受けるので、予定価格には余裕をもたせる。上限である予定価格を高く設定し、しかもこの予定価格に限りなく近い価格で落札するほど利益は大きくなる。それを可能にしているのが指名入札方式である。

官庁はある工事計画の概要を固めた段階で、常用している民間のコンサルタント会社に計画の詳細部分の設計や見積りを委託発注する。日本のコンサルタント会社の大半はゼネコンの子会社である。発注される業務に対して対応できる人材が不足しているので、親会社のゼネコンからの支援を受ける。したがって、ゼネコンにはそのプロジェクトの全貌はおろか、官庁側が提示するであろう見積価格(予定価格)まですべてお見通しである。もちろん官庁の側もそれを知っている。ゼネコンへの見返りは、そのプロジェクトに関する情報と談合の際の発言権、優先権である。予定価格を必要以上に高くするような設計を行っても、発注者である官庁にはこれをチェックできる技術力がない。予定価格を把握したゼネコンは談合などを通じて法外な利益を得ているのである。

二〇年ほど前のことである。ある大手ゼネコンの技術系幹部が何げなく私にこんな言葉を漏らした。「ゼネコンも少しはモラルというものを考えるべきだ。」ゼネコンのトップには、どのような優秀な技術者でも企業の一員として活動する以上、利益を優先するのは当然だという自己中心的な意識がある。良心的な技術者であるほど、利潤を追求する会社の姿勢と技術者としてのモラルとの葛藤に苦しむ。

ところが、発注者である官庁の技術者からは、このような姿はまったく見えてこない。一九九三年春、ゼネコン汚職が日本列島を揺るがせた。その年の秋に、土木学会の研究討論会が行われた。テーマの一つは「建設現場をこう変えたい」である。数名のパネラーによる問題提起が行われた後に自由討議が行われた。パネラーの一人に建設省の若手官僚がいた。彼は開口一番、「いま、土木は悪者にされている。みんなで力を結集してこれに対抗しようではないか」と言い放った。その後の自由討議が見ものであった。会場から次々と声が上がった。「土木を悪者にした張本人はお前たちではないのか。いったい何を考えているんだ。」「いつも自分たちの仕事をわれわれに押し付けているのはお前たちではないか。反省しろ。」声を挙げたのは、いずれも大手ゼネコンの現場所長クラスの人々である。日頃の鬱憤が若手官僚のひと言で爆発したのである。思いがけない反撃に当の若手官僚は色を失った。学会の討論会でも発注者と受注者との関係が通用すると思っていたのは迂闊であった。

土木専攻の教授たちもこうした土建屋的体質をもっている。ほとんどの大学教授たちは「官は無謬だ」という考え方に疑問すらもたない。その典型が耐震工学や橋梁工学などの構造を専門とする教授たちである。彼らのスタンスは、地震などで構造物が破壊されたときに現れる。彼らは、国から提供される設計資料にもとづいて破壊のメカニズムを解析するばかりで、破壊された構造物に施工不良や材料の欠陥がありうることをまったく考えようとしない。このような研究姿勢は、発注者、受注者いずれからも怪我人を出さないのでどこからも歓迎される。そして、構造物が破壊された真の原因は何一つ解明されないまま玉虫色の結論で幕が引かれる。

官尊民卑の体質を脱却できない土木官僚、利益追求、お家大事で自由な意見を開陳できないゼネコンの技術者、発注者の守護神と化した土木専攻の大学教授。日本の土木技術者が、官民ともに一括して「土建屋」とみなされる由縁である。

シヴィル・エンジニアへの道

さて、問題は日本の土木技術者の将来である。彼らが土建屋を脱却して真のシヴィル・エンジニアとなるために必要不可欠の条件がある。それは、現在のような地方選出の保守政治家によって支配されている政党が崩壊することである。それは、いつやってくるのか。私は、遅くとも一〇年以内には到来すると考えている。では、土建屋たちが退場した後の担い手をどこに求めるか。海外工事を多く手がけた経験豊かな大手ゼネコンの技術者たちである。

私が指導した大学院の学生が一九九〇年にまとめた修士論文がある。公共構造物の建設に関わる各種の機関、企業からのヒアリングを情報源として、日本の建設業の実態と特異性を分析した。この論文に大学院生の感想が記されている。「先ず、第一に印象に残ったのが技術者として業界に入った彼等が、企業としての利潤第一の風潮と技術者としてのモラルとの間で多少にかかわらず悩みを抱えていたことである。」

大手ゼネコンの技術系幹部が私に漏らした胸中の思いにも通ずる。彼らは、「土建屋」に甘んずるのではなく、シヴィル・エンジニアであるにはどうするべきかを自分に問い返している。私はこれらの人々に期待している。

3　コンクリートの美学

都市の居住者に「コンクリートという言葉からどんなことを連想するか」と問いかけた場合、どのような答えが返ってくるであろうか。「冷たい」「暗い」「灰色」「コンクリートジャングル」という答えが返ってくるであろう。

一般にコンクリートジャングルといえば、都会に林立するビル群のことをさす。タイルなどの外装材で覆われているが、ビルの本体が鉄筋コンクリートでできていることはだれでも知っている。大都市の高架橋もコンクリートジャングルの一部である。歩行者は、頭上を覆う高架橋の薄汚れたコンクリート橋脚を横目にしながら歩く。高架橋は英語ではBridge(橋)とはいわない。Viaductという。ductは導管である。石造導管で古代ローマの市民に水を連続的に供給した水道橋はAqua ductである。一一本の水道は丘や谷をぬけ一路、ローマ市に向かう最短距離を通って水を送った。大都市とその周辺を縦横に走る高架橋は車を連続的に輸送する導管となった。この導管は日本の大都市をなんとも殺伐とした、無味乾燥なものとしている。

一九六九年、日本では東名高速道路が全通し、首都高速横浜羽田空港線(一期)が開通した。高度成長の途上にあり、日本中が社会基盤の整備に追われていたこの年、私は初めてヨーロッパへ渡った。ヨーロッパで受けた最初のカルチャーショックは、オランダのアムステルダム市街で見かけた立体交差のための橋脚であった。一見すると石造のように思われたが、近づいて見ると表面にはノミで削り欠いたような細かい凹凸がある。コンクリートの表面を石材に模し、市街地という環境に配慮した細工であった。

つづいて、ロンドン郊外にあるセメントコンクリート研究所を訪れた。この分野では国際的に著名な研究機関である。研究所内の実験設備の見学がおもな目的であったが、屋外にもぜひ見せたいものがあるというので行ってみた。そこには、数十枚もの畳一枚大のコンクリートパネルが並んでいた。アムステルダム市内で見たような天然石材に模したもの、各種の天然石材を貼り付けたものなど多彩であった。この暴露試験の目的は、耐久性の確認である。

そのときは、彼らがなぜそこまで工夫を凝らしてコンクリートの表面にこだわるのか、その真意が理解できなかった。三五年を経た現在、それがようやくわかった。日本の大都市はコンクリートで埋め尽くされた。外装材で覆ったビルはともかく、剝き出しの高架橋橋脚は醜悪そのものである。阪神大震災が起こると補強のため、各地の高架橋の橋脚には鋼板が巻き付けられた。大都市の真ん中に、塗装鋼板で覆われた橋脚が立ち並ぶ無機質な空間が出現した。ヨーロッパにもないし、アジアにもない。さながら国籍不明都市の姿である。

著名な建築家による一連の建物もまたその観を強める。たとえば、東京都民ならすぐ連想するのが地上高さ二四三メートルの東京都庁舎ではないだろうか。設計者の丹下健三はパリのノートル・ダム大聖堂のファサードにインスピレーションを得たというが、利用者にとってみればそんなことは知ったものではない。外観の奇を衒った不可解なモニュメントにしか見えない。この建物には都民に親しまれる公共施設という意識が完全に欠落している。それは、この建物で働く人の使い勝手をほとんど無視していることからもわかる。都庁の職員は資料の収納スペースがないことが悩みの種であるという。

建築家は芸術作品として国際的に評価されるような建築物の設計をめざしている。しかし、著名な建築家の設計した建物が完成して間もなく雨漏りに見舞われたという類いの話はめずらしくない。これでは、入居希望者の気を引くために外観と内装ばかりに凝って施工はずさんな分譲マンションと同じである。むしろ著名な建築家による設計という看板がかかる分だけ始末が悪い。創作欲を満たし、己の名声を高めるための建物ではないかという批判が出るのももっともである。「あんな建物立てやがって」という怨嗟の声が、その建物をささえるコンクリートにまで向けられるのはなんともやりきれない。

いささか悪口が過ぎた。ここからは、私の好きなコンクリート構造物、美しいと思うものについて語ろう。

三越百貨店本店本館　「今日は帝劇　明日は三越」という日本の宣伝広告史上、いまなお傑作と呼ばれる名キャッチコピーがある。一九一五年、三越百貨店宣伝部の浜田四郎が帝国劇場の鑑賞プログラムに掲載したもので、当時の流行語になった。この広告が人々を招いたのは、前年に落成したばかりの三越本店本館(当時は新館と呼ばれた)である。地上五階地下一階の白煉瓦で外装されたこの建物は「スエズ運河以東最大の建築」と讃えられた。当初のルネサンス様式は一九二三年の関東大震災によって失われたものの、四年後の一九二七年には内観、外観ともに大正モダンの東京にふさわしいアール・デコ調に一新され、いまに伝わっている。私が、この建物に初めて足を踏み入れたのは一九五四年のことであった。就職を前に、亡父に付き添われて、イージーオーダーの背広を仕立てに行ったときのことである。

思い出話はさておき、三越本館は、私に独特の感慨を抱かせる建物である。設計者は、「図面を引かない建築家」と呼ばれた横河民輔。部下の統率が巧みだった横河は、自分で設計する以上に十分に自分の意図を表現したといわれる。彼の設計した三越本館は、当時の支配人日比翁助の「各国の大規模商店の長所という長所は悉くこれを網羅して余すところなし」との抱負をまさに実現するものであった。日本で最初のエスカレーターをはじめ、二五人乗りのエレベータ、スプリンクラー、暖房換気装置などの最新設備を備えた日本で初めての本格的百貨店が誕生したのである。

では、その三越本館の見所を探ることにしよう。地下鉄銀座線の三越前駅に下車する。改札口を出ると、三越の地下入口に通じるコンコースがある。通路に立ち並ぶ十数本の円柱群と壁面は、それぞれ赤斑大理石と卵黄色大理石で覆われている。このコンコースは、一九三二年に三越前駅が開業したとき、ショーウィンドーやショーケースとともに、フランス装飾界の第一人者ルネ・プルーによって設計された。一階に上がると三越本館ならではの光景が広がる。六階まで吹き抜けの中央ホールである。採光天井の下、フランス産赤斑大理石を張り詰めた柱、その上部のイタリア産卵黄色大理石に彩られた梁が絢爛たる空間を構成する。二階バルコニーにはパイプオルガンもある豪華な大ホールである。三越本館には、米国オーチス社の名残をとどめている二台のエレベータがある。エレベータガールが手動開閉する「OTIS」と刻まれた真鍮製レバーを見やりつつ屋上に出る。眼前には、かつて三越本館のシンボルであった高塔が姿を現す。天気予報旗が掲げられたこともあったというこの高塔は、現在は三越マークの旗が翻る記念塔になっている。

最後に階下に下りて、ライオン像のある正面玄関前に出て建物を振り返ってみよう。三越本館の建物は、一九三五年に南側部分が増築された。正面玄関を中心とした本館建物の両側二柱分が一九二七年当時の建物である。幸いにして戦災も免れた。関東大震災後、修築を担当した横河工務所の中村伝治は、こう記している。「鉄骨鉄筋コンクリートにして、従来の鉄柱に鉄筋をもって補強し、外壁の煉瓦壁は全部取毀し凡て鉄筋コンクリートにて固めたるが故に震災前より一層堅固となり、前回の如き大震の二倍の強震に耐ゆ可く今後は絶対安全なり。」当時の新聞は国会議事堂、丸ビルにつぐ大建築と報じた。

私がこの建物に惹かれるのは、そうした重厚で堅固な造りにもかかわらず、およそ威圧感というものを感じさ

日本橋三越本館の中央ホール．重厚で堅固な造りにもかかわらず，人をやさしく迎え入れてくれる雰囲気が独特の建物である．
写真提供）三越資料室

せない、むしろだれにでも開かれ、やさしく迎え入れてくれるように感じられるからである。一階売場の豪華で華やいだ雰囲気に包まれたとき、なぜか気分が安らぐのである。

ひところの百貨店は、だれもがおしゃれをして、心ときめかせて出かけていく場所であった。百貨店に行く日というのはどこか特別で、ささやかな幸福感を味わえる日であった。三越本館は、かつての百貨店がもっていた、よき雰囲気の漂う建物である。

設計者の横河はこう語っていたという。

「建築は世の中に受け入れられ、人々に使ってもらわなければ、いい建築とはいえない。」

万代橋　新潟には、ひとつの風景を創出したコンクリート構造物がある。日本最大の大河、信濃川に架かる万代橋である。万代橋は六径間の鉄筋コンクリートアーチ橋で、一九二九年に完成した。悠々と流れる信濃川河口に架かるその均整のとれた姿はただひたすらに美しい。私は内外を通じて、このような美しいコンクリート橋梁を見たことがない。

万代橋が美しい理由は遠景が示す全体の形状ばかりではない。表面に石造アーチ橋のように御影石で化粧張りを施し、高欄支柱、笠木、バルコニーも石造りで、重厚でかつ格調の高い風格を備えている。どことなくヨーロッパの雰囲気が漂う。

構造設計を行ったのは、当時、弱冠二四歳にして東京帝国大学助教授であった福田武雄である。その頃、ヨーロッパ諸国にはすでに若干の鉄筋コンクリートアーチ橋があった。その大半は現存しているが、飾りなどの付属物が多くゴテゴテとした感じが否めない。それが、ヨーロッパ文化なのであろうか、万代橋のようにすっきり洗練されたアーチ橋は見あたらない。万代橋はいまや、新潟という環境風土に溶け込んだ風物詩となっている。

万代橋．全長 273 m にもわたる橋を歩いて渡る人影が絶えないのは，
人々がいかにこの橋を愛しているか物語っているようである．

一九六四年の新潟地震では、戦後に架けられた同じコンクリート橋である昭和大橋は一二径間のうち中央流心部の五径間が無惨にも落下してしまった。ところが、目と鼻の先にあった万代橋は補強する程度で助かった。市民たちは、昔の人はなんとがっちりしたものをつくったのであろうかと、昭和の初めの土木技術を称讃したという。『日本の土木地理』という本では、「万代橋は昭和四年に完成した古い橋で、設計には地震力は考慮されていなかったが、地震力を考えた最新式の昭和大橋(昭和三十年完成)が落橋したのは皮肉な現象である」と評されている。実施経験の浅い新技術というものは、予期しない事態に遭遇した場合にはただちに欠陥が現れるという教訓である。二〇〇四年、万代橋は重要文化財に指定された。

大谷川橋梁　土木構造物のデザインに関する第一人者である篠原修は、土木のデザインには、「抑制の効いた、華麗というよりもむしろ朴訥な、無名性に甘んずることをよしとするようなものがある」と述べている。篠原は、具体例として、肥後の通潤橋などの石造アーチなどを挙げている。私はそのような構造物の典型的な例として、一九三九年に建設された福島県のJR只見線(当時の川口線)に架かる大谷川橋梁を挙げたい。戦前の鉄道省が設計した鉄筋コンクリートアーチ橋としては最大スパン(四五メートル)の橋梁である。

私はこの橋を一九九六年の晩秋に訪れた。長い歳月を経てきた大谷川橋梁は、紅葉に彩られた只見川支流の大谷川峡谷にひっそりとたたずみ、周辺の環境に溶け込んだ姿を見せていた。私にとっては五七年ぶりの再会であった。

大谷川橋梁は大臣官房研究所の沼田政矩技師が設計した。施工の采配を振ったのは建設局東京第二工事事務所宮下出張所長として会津若松―川口間を結ぶ只見線の建設工事を担当した亡父である。

沼田はおよそ権威というものを嫌い、帝大教授でも学位をもたないめずらしい存在であった。どうにも格好が

大谷川橋梁．華麗というよりは木訥．ひっそりとたたずみ，環境に溶け込んだ様は，まさに無名をもってよしとする構造物というにふさわしい．

付かないからと、教えを受けた東大土木の教官たちが、沼田の博士論文提出を画策した。そのテーマが大谷川橋梁の設計であった。父は生前に、「沼田先生の要請で施工当時の資料を提供した。先生のお役に立つことができた」と漏らしていた。

福田武雄や沼田政矩が設計した構造物には、それぞれの個性が表現されている。しかし、相通ずる点もある。シヴィル・エンジニアとしての使命感と自然環境との調和である。この二人は大学時代における恩師であった。私はそのことを心から誇りに思っている。

コッハタール高架橋　建築家の多くは芸術作品としての建築物をつくることを目指す。評価されるのは新しい建築様式であり、芸術的価値であって、利便性に対する配慮では必ずしもない。コストなども二の次の話である。土木技術者が設計する橋梁などの公共構造物とは評価の物差しがちがう。しかし、土木技術者にも夢がある。技術者である以上、絶えず斬新な構造物を追究したいと願う。

第二次大戦後、橋梁の形式を飛躍的に発展させたコンクリートがある。プレストレストコンクリートである。戦前の鉄筋コンクリートの桁橋のスパンの限界は八〇メートル、それがプレストレストコンクリート橋の出現により瞬く間に三〇〇メートルを超えた。

ドイツのアウトバーンには、一八〇メートルという世界一高い橋脚を有する高架橋がある。天空を一直線に貫く大断面の箱桁と、これをささえる繊細な高橋脚という組合せが創り出す景観は見る者を圧倒する。積乱雲を交えた青空と大地の緑を背景にした高架橋をひときわ引き立たせているのが橋脚を彩る光のコントラストである。これは、大自然に描かれた近代絵画である。

この高架橋はシュツットガルトの北東約五〇キロのコッハー谷を跨ぐプレストレストコンクリート橋で、一九

コッハタール高架橋．これは大自然に描かれた近代絵画である．
写真提供）高橋昭一氏

七九年に完成した。設計したのは、ドイツを代表する構造エンジニア、シュツットガルト工科大学の学長も務めたフリッツ・レオンハルトである。レオンハルトが設計する橋梁の特徴は、優雅でスレンダーなその外観にある。レオンハルトはデザインが人間の行動に与える影響を重視し、景観設計の重要性を説いた。見る者に設計者の想いが伝わるような構造物を目指したことでは、「アウトバーンの父」フリッツ・トットに通ずる。

また、レオンハルトはデザインにおける「正しい秩序」を強調した。その要点はこうである。

「正しい秩序からしか美は生み出せない。橋にとっての正しい秩序とは構造系がなす基本的な秩序である。一つの橋に異なる系を混合せず明確に統合する。正しい秩序は構造系のエッジの向きが表す。線や方向の正しい秩序は一定の間隔を目指せば得られる。」

経済性、完全な技術が自ずと美を生み出すとはかぎらない。完璧な技術は必要だが、それ以上に美をつくる意識と熱意が必要であるとも説く。芸術性が浮かび上がるのは建築物ばかりではない。

あとがき

一国の発展と社会基盤の充実とは車の両輪の関係にある。その典型を、二〇〇〇年前のローマ帝国に見ることができる。ローマ帝国は、コンクリートという新しい材料・工法を駆使して数々の社会基盤をつくりあげ、これを通じて広大な版図を築きあげた。ところが、その滅亡とともにコンクリートも歴史の表舞台から姿を消した。コンクリートが再び私たちの眼前にその姿を現すのは、じつに一五〇〇年の後のことである。

一九世紀の幕開けとともに欧米の先進諸国は相次いで近代化への離陸を果たした。コンクリートはその原動力となった。ヨーロッパ大陸の動脈となったアウトバーン、不毛の地に大都市を出現させたフーバーダムなどは、その象徴的な例であろう。いずれも国の威信を誇示する大事業であった。建設に当たっては最新の技術が導入され、施工にも細心の注意がはらわれた。完成したコンクリート構造物は堅牢で優れた耐久性を有していた。欧米の人々はコンクリートに対して絶大な信頼を寄せるようになった。

翻って、日本ではどうであったか。少なくとも昭和三〇年代までは、「コンクリート構造物の寿命は半永久的」という評価を疑う者はなかった。しかし、その信頼の崩れるときが不幸にしてやってきた。一九八〇年代の初め頃から、コンクリートの耐久性に深刻な疑問を投げかける事態が相次いで起こったためである。「コンクリート耐久性神話の崩壊」、あるいは「コンクリートクライシス」が流行語になり、山陽新幹線高架橋の早期劣化は社会問題にまで発展した。コンクリートの社会的評価を一変させたのは、一九五〇年代の中頃から始まった高度成長であった。そのことを指摘したのが、私の上梓した新書『コンクリートが危ない』である。

その出版以来、絶えず気になっていたことがある。同じ時期、欧米先進諸国ではコンクリートに対する評価は何ら揺らぐことがなかった。それはなぜなのか？　本書『コンクリートの文明誌』では、この疑問を解き明かそうと努めた。結論から先に言おう。コンクリートの品質の問題は、とりもなおさずコンクリート構造物をつくる土木技術者の資質の問題であった。

本書では数名の土木技術者が登場する。そのなかで、私に強烈な印象を与えた人物が二人いる。フリッツ・トットと吉田徳次郎である。トットは、じつに多彩なプロフィールをもった人物である。ヒトラーが絶大な信頼を寄せたナチスのイデオローグ、当時のヨーロッパで広く名を知られた土木技術者、道路総監としてアウトバーン建設に敏腕をふるった行政官僚、そして芸術作品としてのアウトバーンに生涯を捧げたアーキテクト。彼はアウトバーンの建設に際して、ごく小さな構造物にも多大な注意をはらった。これは、現在の日本の土木技術者がどこかに置き忘れてきた資質ではないか。一方、日本のコンクリート関係者にとって、吉田徳次郎はいまや伝説的な存在である。彼の謦咳に接したのは、おそらく私の世代が最後であろう。正直のところ、本書をまとめるまで、吉田徳次郎は私には過去の人物であった。しかし、吉田がこの世を去って約半世紀、この間に日本のコンクリート構造物の品質はどうなったか。明らかに低下した。私も含め、吉田の教えを軽視したツケが回ってきたのである。吉田はコンクリートの正体、換言すればコンクリートと人間との間に深淵が横たわるのを見ぬいていた。コンクリートの研究開発に取り組んで半世紀、私は本書の執筆を通じてようやく、吉田のコンクリート哲学に共感する自分を見いだすことができた。

本書の第1章を執筆するために私がローマを訪れたのは二〇〇一年の春であった。初めて訪れたローマは、他のヨーロッパの諸都市には見られない一種独特の雰囲気を醸し出していた。古代と中世と現代の建造物が渾然一体となり、その間に笠松と糸杉が点在している。ローマでは正味五日間にわたって古代ローマのコンクリート建造物や遺跡を探索した。古(いにしえ)のコンクリートを求めて、郊外のハドリアヌス帝の別荘やオスティア・アンティカにまで足をのばした。この探索行では、一連のコンクリート建造物の巨大さに圧倒された。天を見上げるような高い壁やアーチが総面積一一万平方メートルもの敷地に散在するカラカッラ浴場の規模は想像を絶するものであった。西暦二世紀頃に建設されたオスティア・アンティカの四階建ての共同住宅や商店街の建物の頑丈な構造にも驚いた。壁厚は最低でも五〇センチ、なかには一メートルを超えるものもある。西暦二世紀、ローマ人はコンクリート建造物の量産技術を獲得していた。ローマへの実地調査で痛感したのは、現代におけるコンクリート施工技術の基本的部分はローマ時代にすでに確立されていたということである。日本のコンクリート施工の現状を見ていると、この二〇〇〇年の間にいったい何が進歩したのかと問いたくなる。

本書をまとめるに当たっては多くの方々にお世話になった。

東京大学文学部の青柳正規教授には、古代ローマのコンクリート建造物についてご指導を頂いた。五日間という短い期間を十分に活用し、多くの知見を得ることができたのは同教授のおかげである。心から感謝したい。著書『新ドイツの心』の冒頭部分を引用させていただいた小塩節先生には所蔵されているベルリンの壁のコンクリート塊を本書の写真撮影のために快く提供してくださるなど、ご協力を賜った。横浜国立大学名誉教授の合田良実氏と元運輸省港湾技術研究所沿岸防災研究室長の楡井康裕氏には古代ローマの港湾に関する貴重な資料を提供していただいた。(財)道路保全技術センター理事長の多田宏行氏、鹿島道路(株)技術顧問の飯島尚氏、日本鋪道(株)の井上武美研究所長、日本道路(株)の野田悦郎氏、日本道路公団技術部の猪熊康夫課長には、アウトバーンについての資料などを通じて協力をいただいた。大成建設(株)の方々からは、土木技術研究所の松岡康訓所長を通じて、火山灰の入手や武智丸の資料についてご協力を仰いだ。太平洋セメント中央研究所の羽原俊祐氏には、エディストーン灯台についての情報を頂戴した。(株)三越資料室の塚原裕二氏には、資料の提供などでご協力いただいた。土木学会の中村雅俊課長には学会図書について便宜をはかっていただいた。旧制高校や旧制中学の同期生からも応援をいただいた。地中海文明について教えてくださった建築家の阿久井喜孝さんと、ナチスドイツやドイツ語の表現について貴重な意見を寄せてくださった独文学者の森川俊夫さんはいずれも旧制水戸高校の同期生である。阿久井嘉孝さんには初版の内容について貴重なご指摘をいただいた。あらためて謝意を表する次第である。鉄筋コンクリート船の調査では、旧制太田中学の同期生で元防衛大学校教官の関山義雄さんを通じて、防衛庁の欠瀬勝男氏に多大のご協力をいただいた。ここに記して謝意を表したい。横浜港の内防波堤の調査では、国土交通省土木技術政策総合研究所の福手勤副所長ならびに同省京浜港工事事務所の江河直人所長にご協力いただいた。ここに記して謝意を表したい。数回にわたるアメリカの公共工事や技術者についてのヒアリングに応じてくださった(株)大林組の山王博之さんは、彼が東京大学大学院在学時からの付き合いである。表紙カバーには昭和三〇年頃につくられた砂利コンクリートの切断面写真を用いている。貴重な試料を提供していただいた新日鉄高炉セメント(株)の近田孝夫氏と、これを切断して研磨仕上げをしていただいた(株)マルトーの仁平正三会長に心から謝意を表したい。最後に、約四年半にわたって辛抱づよく本書の執筆に付き合ってくださった岩波書店編集部の永沼浩一氏に心から感謝する。本書の表題は『コンクリートの文明誌』である。研究者の習性として、ともすると「技術史」に傾倒しがちな私に対して「文明誌」の軌道に引き戻すために費やしたエネルギーは、並大抵のものではなかったはずである。

二〇〇四年一〇月

小林一輔

今井　宏：ヒストリカル・ガイド　イギリス史，山川出版社，2000
カレル・ヴァン・ウォルフレン(篠原　勝訳)：日本権力構造の謎(上・下)，早川書房，1990
栗田啓子：エンジニア・エコノミスト——フランス公共経済学の成立，東京大学出版会，1993
週刊朝日百科・世界の歴史85，17世紀の世紀2「都市・運河・橋——土木の時代」，朝日新聞社，1990.7
T. S. アシュトン(中川敬一郎訳)：産業革命，岩波文庫，1992
A. W. Skempton：前掲書
高比良和雄：欧米の建設契約制度，建設総合サービス，1992
円堂政嘉：日米建設交渉で問われる倫理，朝日新聞「論壇」，1993年5月26日付
山田盛太郎：日本資本主義分析，岩波書店，1949
白石俊夫：監獄部屋の真相とその撲滅策，三新社出版部，1926
土木工業協会・電力建設業協会編：日本土木建設業史，技報堂，1971
玉城　素：土木(産業の昭和社会史⑫)，日本経済評論社，1993
望田幸男・村岡健次監修：エリート教育(近代ヨーロッパの探求④)，ミネルヴァ書房，2001
国土政策機構編：前掲書
早坂茂三：政治家田中角栄，集英社文庫，1993
五十嵐敬喜・小川明雄：公共事業をどうするか，岩波新書，1997
〈第3節〉
アレックス・カー：犬と鬼——知られざる日本の肖像，講談社，2002
株式会社三越の85年の記録，三越資料室，1990
宮野力哉：絵とき百科店の『文化誌』，日本経済新聞社，2002
松村　博：日本の百名橋，鹿島出版会，1998
平野輝雄：日本の名景——橋，光村推古書院，2000
福田武雄博士論文選集刊行会編：福田武雄博士論文選集，構造計画コンサルタント(株)，1993
土木学会編：日本の土木地理，1974
篠原　修監修：土木デザインの現在＋コラボレーション，建築画報，Vol. 39，No. 3，2003
小田　仁・小林一郎：川口線大谷川拱橋工事，工事画報，1940年4月号
大木利彦：鉄道橋四題，工事画報，1940年3月号
大泉　楯：橋はなぜ美しいのか——その構造と美的設計，技報堂出版，2002
ヨーロッパのインフラストラクチャー：前掲書

山陽新幹線新大阪・岡山間建設工事史，日本国有鉄道大阪新幹線工事局，1972
安場保吉・猪木武徳編集：高度成長(日本経済史 8)，岩波書店，1997
飯吉精一：土木建設徒然草，技報堂，1974
原田勝正：鉄道(産業の昭和社会史 8)，日本経済評論社，1988
日本国有鉄道設立準備委員会：公共企業体日本国有鉄道，日本交通文化協会，1949
屋山太郎：国鉄に何を学ぶか——巨大組織腐敗の法則，文藝春秋，1987
日本の土木技術——近代土木発展の流れ，土木学会，1975
丹間泰郎：開通後 38 年を迎えた東海道新幹線——RC 構造物の維持管理・現状と展望，セメント・コンクリート，No. 666，2002. 6
宮口尹秀：心のこもった構造物を，構造物設計資料(日本国有鉄道構造物設計事務所監修)，No. 80，1984
松本嘉司・小寺重郎：東海道新幹線隋録誌——コンクリート構造物編，1997 年 3 月

第 5 章

石　弘之：酸性雨，岩波新書，1992
〈第 1 節〉
小塩　節：新ドイツの心，光文社，1990
コンクリートポンプ圧送マニュアル，(社)全国コンクリートポンプ圧送事業団体連合会，1999
ヨーロッパのインフラストラクチャー，土木学会，1997
Schäden an Brücken und anderen Ingenieurbauwerken, Der Bundesminister für Verkehr——Ableitung Straßenbau, Verkehrblatt-Verlag, 1982
D. C. Jackson：前掲書
佐藤達生・木俣元一：前掲書
阿部謹也：前掲書
吉田光邦：日本美の探求，NHK ブックス，1968
コンクリート設計及施工打合せ會議録，鐵道省建設局線路課，1939 年 12 月
吉田徳次郎先生のご遺徳を偲んで，土木学会，1993
サミュエル・ハンチントン(鈴木主税訳)：文明の衝突と 21 世紀の日本，集英社新書，2001
本間義人：土木国家の思想，日本経済評論社，1996
コンクリートの話——吉田徳次郎先生御遺稿より，コンクリートライブラリー第 1 号，土木学会，1962
梅本克巳：唯物史観と現代，岩波新書，1967
〈第 2 節〉

小野塚一郎：戦時造船史，日本海事振興会，1962
野口憲一：コンクリート船——C-BOAT・武智丸，コンクリート工学，Vol. 40，No. 9，2002
田村富雄：日本で最初の鉄筋コンクリート船の設計，コンクリート工学，Vol. 16，No. 5，1978
遠山光一・中村　寿・斎藤七五郎：鉄筋コンクリート船の一設計，造船協会会報，No. 75，1953
深谷俊明：鉄筋コンクリート造船に就いて，土木技術，第1巻，第3号，1946
村松貞次郎・高橋　裕編：ビジュアル版日本の技術100年(第6巻　建築　土木)，筑摩書房，1989
森　弥広・宇野祐一・小林一輔：鉄筋コンクリート貨物船「武智丸」に関する調査報告，コンクリート工学年次論文集，第25巻，第2号，pp. 1939-1944，2003

第4章

〈導入〉

色川大吉：近代日本の戦争，岩波ジュニア選書，2000
日本の空襲編集委員会編集：日本の空襲(二)，三省堂，1980
平塚柾緒編著：前掲書
前田哲男：戦略爆撃の思想(上・下)，現代教養文庫，1997
「"東京大空襲" 声——読者がつくる記憶の歴史シリーズ」，朝日新聞，2003年2月26日付
ジョン・ダワー(三浦陽一・高杉忠明訳)：敗北を抱きしめて(上・下)，岩波書店，2002
井上光貞・永原慶二・児玉幸多・大久保利謙編：復興から高度成長へ(日本歴史大系18)，山川出版社，1997

〈第1節〉

内田隆三：国土論，筑摩書房，2002
日本住宅公団史，日本住宅公団20年史刊行委員会，1981
高田光雄編著：日本における集合住宅計画の変遷，放送大学教育振興会，1998
佐橋　繁：集合住宅団地の変遷，鹿島出版会，1998
松村秀一：『住宅』という考え方——20世紀的住宅の系譜，東京大学出版会，1999
吉川　洋：高度成長——日本を変えた6000日(20世紀の日本6)，読売新聞社，1997

〈第2節〉

高橋克男：山陽新幹線(新大阪—岡山間)の建設工事を終わって，土木学会誌，56-11，1971
日本道路公団三十年史，日本道路公団，1986

武部健一：道のはなし 1，技報堂出版，1992
アルバート・シュペール（品田豊治訳）：ナチス狂気の内幕——シュペールの回想録，読売新聞社，1970
Reiner Stommer: *Reichesautobahn——Pyramiden des Dritten Reiches*, Jonas Verlag, 1995
ゲールハルト・プラウゼ（森川俊夫訳）：異説　歴史事典，紀伊国屋書店，1991
アール・F・ジームキー（加古川幸太郎訳）：ベルリンの戦い〈総統ヒトラー廃墟に死す〉，サンケイ新聞社出版局，1973
谷　喬夫：ヒムラーとヒトラー——氷のユートピア，講談社選書メチエ，2000
ロベルト・S・ヴィスリッヒ編（滝川義人訳）：ナチス時代ドイツ人名事典，東洋書林，2002
デートレフ・ポイカード（木村靖二・山本秀行訳）：ナチス・ドイツ　ある近代の社会史，三元社，1997
斉木伸生：ドイツ戦車発達史，光人社，2001
ヒュー・トレバー=ローパー（吉田八岑監訳）：ヒトラーのテーブル・トーク 1941-1944（上・下），三交社，1995
坂井栄八郎：ドイツ史 10 講，岩波新書，2003
M. Rössler und S. Schleiermacher: *Der "Generalplan Ost" Hauptlinien der national-sozialistischen Planungs und Vernichtungspolitik*, Akademie Verlag, 1993
永岑三千輝：ドイツ第三帝国のソ連占領政策と民衆 1941-1942，同文館，1994
栗原　優：ナチズムとユダヤ人絶滅政策——ホロコーストの起源と実態，ミネルヴァ書房，1997
ゲッツ・アリー，山本　尤・三島憲一訳：最終解決，法政大学出版局，1998
アドルフ・ヒトラー（平野一郎・将積　茂訳）：わが闘争（下），角川文庫，2004
A. J. P. テイラー（吉田輝夫訳）：前掲書
〈第 2 節〉
G. Huberti：前掲書
田村浩一・近藤時夫：前掲書
ロバート・シャーウッド／中野五郎：記録写真　太平洋戦争（上・下），光文社，1995
平塚柾緒編著：米軍が記録した日本空襲，草思社，1995
チャールズ・W・スウィーニー（黒田　剛訳）：私はヒロシマ，ナガサキに原爆を投下した，原書房，2000
小林一輔・森野奎二：硫黄島に放置された軽量骨材鉄筋コンクリート船，第 55 回セメント技術大会講演要旨，pp. 316-317，1999
村田二郎・菅原　操・宮崎昭二：高強度軽量骨材コンクリート，山海堂，1966

松浦茂樹：明治の国土開発史——近代土木の礎，鹿島出版会，1992
臨時横浜築港局編：横浜築港誌，1896年7月
石井寛治：日本の産業革命——日清・日露戦争から考える，朝日選書，1997
石橋綺彦：第二期土木学講義録科目大要・セメント篇，1900
諸井貫一：セメント(現代日本工業全集第18巻)，日本評論社，1932
日本セメント株式会社：百年史，1983
坂内冬蔵：横浜築港用コンクリート固塊亀裂の原因について，建築雑誌，第77号，1893
横浜築港工事用材料混凝土塊調査報告書(官報)：建築雑誌，第89号，1893
帝国議会衆議院議事速記録第13号，1894年5月30日
帝国議会衆議院議事速記録第46号，1896年3月25日

第3章

松井道昭：独仏対立の歴史的起源——スダンへの道，東信堂，2001
K. H. フリーザー(大木　毅・安藤公一訳)：電撃戦という幻(上・下)，中央公論新社，2003
ハインツ・グデーリアン(本郷　健訳)：電撃戦——グデーリアン回想録(上・下)，中央公論新社，1999
レン・デイトン(喜多迅鷹訳)：電撃戦，ハヤカワ文庫，1994
栗栖弘臣：マジノ線物語——フランス興亡100年，K & K プレス，2001
A. J. P. テイラー(吉田輝夫訳)：第二次世界大戦の起源，中央公論社，1977
福井憲彦編：フランス史，山川出版社，2001
西川正雄・南塚信吾：帝国主義の時代(ビジュアル版世界の歴史18)，講談社，1994
「仏，旧軍事施設大セール——対独防衛「マジノ線」第二の“人生”」，朝日新聞，1999年12月8日付
KIRSCHBAUM VERLAG(岡野行秀監訳)：アウトバーン，学陽書房，1991
〈第1節〉
アメリカ連邦交通省道路局編(別所正彦・猿谷　要訳)：アメリカ道路史，原書房，1981
Highway Deutschland, Engl & Lämmel, 1997
G. Streit: *Handbuch des Beton-Straßenbaues*, Bauverlag, 1964
Deutscher Zement-Bund: *Betonstrassenbau in Deutschland*, 1937
Strassenforschung-50 Jahre Forschungsgesselschaft für das Strassenwesen 1924-1974, Kirschbaum Verlag, BONN-BAD GODESBERG, 1976
G. Huberti: 前掲書
シュライバー(関　楠生訳)，前掲書

矢野　久／アンゼルム・ファウスト編：ドイツ社会史，有斐閣コンパクト，2001
ノーマン・ディヴィス(別宮貞徳訳)：ヨーロッパIII 近世，共同通信社，2000
山田徹雄：ドイツ資本主義と鉄道，日本経済評論社，2001
望田幸男：ドイツ・エリート養成の社会史，ミネルヴァ書房，2000
G. Huberti：前掲書
森田安一編：スイス・ベネルックス史(世界各国史 14)，山川出版社，1998
守　誠：特許の文明史，新潮新書，1994
上山明博：プロパテント・ウォーズ——国際特許戦争の舞台裏，文春新書，2000
〈第 3 節〉
司馬遼太郎：アメリカ素描，新潮文庫，1999
マーク・ライスナー(片岡夏美訳)：砂漠のキャデラック——アメリカの水資源開発，築地書館，1999
有賀　貞・大友尚一：概説アメリカ史，有斐閣選書，1998
榊原胖夫：アメリカ研究——社会科学的アプローチ，萌書房，2001
奥田　栄：科学技術の社会変容，日科技連，2001
W. A. Klemm：*Cementitiouse Materials：Historical Notes, Materials Science of Concrete I*, pp. 20-23, The American Ceramic Society, Inc., 1989
Boulder Canyon Project, Final Reports, PART IV——Design and Construction, Bulletin 2, BOULDER DAM, U. S. Dept. of the Interior, Bureau of Reclamation, 1941
Dams and Control Works, U. S. Dept. of the Interior, Bureau of Reclamation：1938
The Story of the Hoover Dam：Ingersoll-Rand Company, 1934
D. C. Jackson：*Great American Bridges and Dams*, John Wiley & Sons, 1988
東畑精一：アメリカ資本主義見聞記，岩波新書，1963
猿谷　要：物語アメリカの歴史——超大国の行方，中公新書，2001
守　誠：前掲書
U. S. Department of Transportation, Federal Highway Administration：*Distress Identicafition Manual for the long-term pavement performance program*, Reserch, Development and Technology Turner——Fairbank Highway Reserch Center, 2003
田村浩一・近藤時夫：コンクリートの歴史，山海堂，1984
松浦茂樹：戦前の国土整備政策，日本経済新聞社，2000
植藤正志：アメリカ経営管理の生成，森山書店，2001
八巻直躬：IE とは何か——生産性と人間性の融合，マネジメント社，1993
石川六郎：私の履歴書⑬，日本経済新聞，2002 年 7 月 13 日付
〈第 4 節〉
国土政策機構編：国土を創った土木技術者たち，鹿島出版会，2000

合田良実：土木と文明，鹿島出版会，1999
G. J. J. Fabre: *Le Pont du Gard-L'aqueduc antique de Nimes*, EDITIONS QUINOXE, 2001
NHK「テクノパワー」プロジェクト：巨大建設の世界⑤大都市再生への条件，日本放送協会，1993
Henri Focilion: *Giovanni Battista Piranesi*, Alfa, 1967
R. Salvadori（長尾重武訳）：前掲書
クロード・モアッティ（青柳正規監修）：ローマ永遠の都——一千年の発掘物語，創元社，1997

第2章

〈導入〉

塩野七生：賢帝の世紀，前掲書
S. ギーデオン：前掲書
鈴木博之編：図説年表　西洋建築の様式，彰国社，2000
G. Huberti: 前掲書
佐藤達生・木俣元一：図説大聖堂物語——ゴシックの建築と美術，河出書房新社，2000
週刊朝日百科・世界の歴史 59，14 世紀の世界「遍歴職人と石工たち」，朝日新聞社，1990
河原　温：中世ヨーロッパの都市社会，世界史リーフレット，山川出版社，2000
阿部謹也：中世の窓から，朝日新聞社，1999

〈第1節〉

A. W. Skemton: *JOHN SMEATON FRS*, Thomas Telford Limited, London, 1981
G. Huberti: 前掲書
W. A. klemm: *Cementitious Materials: Historical Notes, Materials Science of Concrete I*, pp. 1-26, The American Ceramic Society, Inc., 1989
羽原俊祐：Smeaton と Aspdin——ポルトランドセメント発祥の地 Leeds を訪ねて，セメント・コンクリート，No. 684，2004

〈第2節〉

谷　克二：図説ベルリン，河出書房新社，2000
木村靖二編：ドイツの歴史，有斐閣アルマ，2001
木谷　勤・望月幸男編著：ドイツ近代史，ミネルヴァ書房，1999
Fritz Tobias: *Der Reichestagsbrand——Legend und Wirklichkeit*, GROTE, 1962
佐々木達生・木俣元一：前掲書
長尾重武・星　和彦：前掲書

参考文献

第1章

〈導入〉

G. Huberti: *Vom Caementum zum Spannbeton*, Bauverlag GMBH, 1964

青柳正規：皇帝たちの都ローマ，中公新書，1992

V. I. レーニン（レーニン二巻選集刊行会訳編）：帝国主義論，社会書房，1951

〈第1節〉

S. ギーデオン（前川道郎・玉腰芳夫訳）：建築，その変遷——古代ローマの建築空間をめぐって，みすず書房，1978

J. B. パーキンス（桐敷真次郎訳）：ローマ建築（図説世界建築史4），本の友社，1996

松井三郎：古代ローマの水道と下水道，日伊文化研究，22，1984

青柳正規：古代都市ローマ，中央公論美術出版，1990

森田慶一訳注：ウィトルーウィウス建築書（東海選書），東海大学出版会，2000

長尾重武・星和彦編著：ビジュアル版西洋建築史——デザインとスタイル，丸善，1996

熊倉洋介ほか：カラー版西洋建築様式史，美術出版社，1995

R. サルバドリ（長尾重武訳）：建築ガイド①ローマ，丸善，1991

マコーレイ（西川幸治訳）：都市——ローマ人はどのようにして都市をつくったか，岩波書店，1980

P. グリマル（北野徹訳）：ローマの古代都市，白水社，1995

〈第2節〉

塩野七生：賢帝の世紀（ローマ人の物語IV），新潮社，2000

J. R. パーキンス：前掲書

青柳正規：皇帝たちの都ローマ，前掲書

Victor W. Von Hagen: *The Roads that led to Rome*, Weidenfeld & Nicolson, 1978

鯖田豊之：水道の思想，中公新書，1996

シュライバー（関　楠生訳）：道の文化史——一つの交響曲，岩波書店，1962

塩野七生：すべての道はローマに通ず（ローマ人の物語X），新潮社，2002

G. Huberti: 前掲書

〈第3節〉

弓削　達：ローマはなぜ滅んだか，講談社現代新書，1997

河島英昭：ローマ散策，岩波新書，2000

鯖田豊之：前掲書

飯場頭　220
飯場制度　220
B29 爆撃機　148
ビカー，ルイス　6
ヒトラー，アドルフ　129
ピナトゥボ火山　148
ヒムラー，ハインリッヒ　135
標準設計　171
ピラネージ　45
風致設計　141
フーバーダム　80
フォロ・ロマーノ　11
フォン・ハーゲン　38
福岡トンネル　185
福田武雄　236
不法加水　201
ブラケット工法　23
フランス大年代記　203
古市公威　102, 225
プレストレストコンクリート　240
プロフェッショナル　215
フロンティヌス　44
分割発注　177
分譲住宅　168
文明化　194
ベトン　15, 199
ベリドール，ベルナルド　15
ベルリンの壁　195
ホイットワース，ジョセフ　90
豊満ダム　87
ボールダー渓谷開発計画法　80
募集屋　222
ポッツォラーナ　6
ポルタ・ニグラ　53
ポルティクス・アエミリア　11
ポルトランドセメント　62
ポン・デュ・ガール水道橋　42

マ 行

マジノ線　123
松本嘉司　191
マンション　170
水で固まるモルタル　10, 57
三越本店本館　233
宮口尹秀　190
民間活力導入　206
武庫川橋梁　178
無差別爆撃　160
目地モルタル　53, 203
目白御殿　227
モニエ，ジョゼフ　73

ヤ 行

安浦漁港　155
山田盛太郎　219
要塞　122
横河民輔　233
横浜港東水堤　96
横浜港北水堤　96
横浜築港　93
吉田徳次郎　151, 204
四谷コーポラス　170

ラ 行

ライヒスターク　63
ライヒスターク放火事件　64
ラテラノ宮殿　44
ラ・フォンテーヌ　35
ランチアーニ，ロドルフォ　46
リウィアの別荘　23
ルメイ，カーチス　162
レオンハルト，フリッツ　242
煉瓦　20
ロイヤル・エンジニアース　95
ローマ道　38

族議員　227
属州(ローマ帝国の)　50

タ 行

大プリニウス　6
武智正次郎　149
武智丸　152
タコ部屋　219
田中角栄　165
田中正造　102
弾丸列車構想　189
ダンケルク　212
団地　163
チビタ・ヴェッキア　60
チョーク　59
直轄・直営方式　223
ティヴェレ川　33
ディオクレティアヌス帝　35
ティストス帝　43
ティブルティーナ門　29,43
ティベリウス帝　20,43
テーラー，フレデリック　91
鉄筋コンクリート　66
鉄筋コンクリート船　146
鉄筋腐食　183
鉄道建設公団　188
鉄道省　188
鉄のトライアングル　228
電撃戦　122
天然セメント　85
ドイツ的本質の表現　141
ドイツ民族強化国家委員会　135
東海道新幹線　188
東京オリンピック　162
東部総合計画　135
道路公団　227
特殊油槽船　151
土建屋　209
都市再開発　206
特許制度　76
トット，フリッツ　128
トット機関　140
土木学校　214
土木技術者　210
土木公団　214
トライヤヌス帝　44
トラス　57
ドルシュ，クサエル　144

ナ 行

内務省開拓庁　80
中村伝治　234
ナチス　64
ニームの水道　29
ニコラウス五世　44
二全総　226
日本住宅公団　163
日本列島改造ブーム　171
日本列島改造論　189
人夫曳き　222
沼田政矩　238
ネロ帝　44

ハ 行

パーマー，ヘンリー・スペンサー　95
パイプクーリング　82
パウルス三世　46
暴露試験　232
バケット　181
ハドリアヌスの別荘　11
パラエストラ　23
パラティーノの丘　44
阪神高速道路　178
阪神大震災　178
万代橋　236
ハンチントン，サミュエル　206
パンテオン　16

急速施工　183
競争入札　98
空気入りコンクリート　85
空閑徳平　87
グデーリアン，ハインツ　122
クラウディア水道　29
クラウディウス港　33
クラウディウス帝　33
軍事技術者集団　214
軍団兵(ローマ帝国の)　50
ケーネン，マティアス　67
ゲディーゲン　198
ケネディ，ジョン・F　127
ゲルチタール鉄道高架橋　198
公営住宅法　165
公共工事　228
高速道路　127
公団住宅　165
高度成長　162
コールドジョイント　22,109
五ヶ年計画　226
国鉄　180
ゴシック建築　53
コッハタール高架橋　240
五稜郭　212
コロッセウム　42
コンクリートクライシス　184
コンクリート船防波堤　155
コンクリート道路　127
コンクリートの中性化　189
コンクリートブロック亀裂事件　101
コンクリートポンプ　180
コンコルディア神殿　11
コンサルティング・エンジニア　215
コンスタンティヌス一世　44
コンストラクションマネージメント　218
近藤泰夫　151

サ 行

坂内冬蔵　113
サトゥルヌス神殿　11
狭山台第一住宅　168
酸性雨　194
サン・ピエトロ大聖堂　46
山陽新幹線　178
ジークフリード線　140
シヴィル・エンジニア　211,230
ジェントリ　212
シクストゥス四世　46
自然破壊　194
篠原修　238
指名入札　98
就寝分離　165
住宅金融公庫法　165
重力ダム　80
首都高速道路　162
シュペーア，アルベルト　141
焦土化作戦　160
昭和大橋　238
食寝分離　165
新全国総合開発計画　226
水道橋　33
スービック基地　148
スクラップ・アンド・ビルド　206
スダン　122
スミートン，ジョン　54,215
スミートンの防波堤　215
生活最小限住宅　165
西部防塞　140
石造アーチ橋　198
責任施工　182
石灰膨張　105
ゼネコン　174,228
セルフメイドマン　90
戦車道路　134
早期劣化　200
総統大本営　135

索　引

ア 行

アイフェル水道　29
アウグストス帝　19
アウシュヴィッツ　140
アウトバーン　127
アスファルト道路　127
アッピア街道　35
アッピア水道　29
アッピウス・クラウディウス・カエクス　35
アニオ・ノーヴァス水道　29
アルカリ骨材反応　119, 170
アレクサンデル六世　46
アレッサンドリーナ水道　29
アントニウス帝　43
アントワープ大産業博覧会　73
飯吉精一　185
硫黄島　146
五十嵐敬喜　227
石川六郎　92
石切り場の砂　10
石工　53
石の文化　201
石橋絢彦　105
一日交通圏　189
一般競争入札　218
一般道路　127
移動式型枠　180
ヴァイス，グスタフ　67
ヴァチカン　44
ヴィオレ・ル・デュク　51
ウィトルウィウス　6
ヴェルダン　123
ヴォバン，セバスチャン　212
ヴォバン型要塞　212
梅本克己　208
エディストーン灯台　54
エピダウロスのソロス　15
エンジニア　214
エンジニア・エコノミスト　214
圓堂政嘉　219
エンプレクトン工法　11
オイルショック　184
応募倍率　166
大阪セメント　99
大谷川橋梁　238
小塩節　195
オスティア・アンティカ　15
オスティア港　33
オプス・カイメンティキウム工法　11

カ 行

海水侵食　108
界面活性剤　85
科学的管理法　91
鹿島守之助　93
壁式プレキャスト鉄筋コンクリート工法　171
可溶性粘土　115
カラカッラ浴場　15
カルカッソンヌ城　51
乾かすと固まるモルタル　10
監獄部屋　219
関西国際空港　145
技術官僚　227
木賃アパート　163
木の文化　203
キャプテン・オブ・インダストリ　212

■岩波オンデマンドブックス■

コンクリートの文明誌

2004年10月28日　第1刷発行
2005年1月25日　第2刷発行
2019年4月10日　オンデマンド版発行

著　者　小林一輔（こばやしかずすけ）

発行者　岡本　厚

発行所　株式会社　岩波書店
〒101-8002　東京都千代田区一ツ橋2-5-5
電話案内　03-5210-4000
http://www.iwanami.co.jp/

印刷／製本・法令印刷

ISBN 978-4-00-730873-4　　Printed in Japan